# 智能家居基本原理与典型系统应用

张朝兰　著

中国纺织出版社有限公司

# 内 容 提 要

本书主要讲述智能家居基本原理及应用，全书共十章，由智能家居概述、智能家居的现状与发展、智能家居的技术理念与原则、智能家居强电布线施工操作技术、智能家居弱电布线施工操作技术、智能家居通信与组网技术、智能家居与网关技术、智能家居的应用等部分构成，本书介绍了智能家居所采用的技术和标准，详细介绍了智能家居的安全性、居室及建筑小区的家庭自动化，然后介绍了网络的设计原理。本书结构合理，条理清晰，具有典型性、实用性和可操作性的特点，适合作为高等职业院校电气自动化、物联网、通信等相关专业教师在教学讲解时参考使用，可供相关工程技术人员参考使用。

**图书在版编目（CIP）数据**

智能家居基本原理与典型系统应用 / 张朝兰著. --北京：中国纺织出版社有限公司，2023. 8
ISBN 978-7-5229-0838-0

Ⅰ. ①智… Ⅱ. ①张… Ⅲ. ①住宅—智能化建筑 Ⅳ. ①TU241-39

中国国家版本馆CIP数据核字（2023）第150118号

责任编辑：史 岩　　责任校对：高 涵　　责任印制：储志伟

中国纺织出版社有限公司出版发行
地址：北京市朝阳区百子湾东里 A407 号楼　邮政编码：100124
销售电话：010—67004422　传真：010—87155801
http://www.c-textilep.com
中国纺织出版社天猫旗舰店
官方微博 http://weibo.com/2119887771
天津千鹤文化传播有限公司印刷　各地新华书店经销
2023 年 8 月第 1 版第 1 次印刷
开本：710 × 1000　1/16　印张：12.5
字数：255 千字　定价：99.90 元

# 前　言

智能家居的最终目的是利用技术提高人们的生活质量，涉及个体及社区的总体幸福感。生活质量的标准指标不仅包括财富及职业情况，还包括生活环境、身心健康、精神面貌，以及社会归属感。智能家居应该具有其本身的“含义”。

近年来，随着我国人民生活水平和消费能力的不断提高，人们逐渐开始向往更加舒适安逸、方便快捷的家居环境，新需求不断增加以及信息化对人们传统生活的剧烈冲击，使许多人尤其是经济水平更好的人对智能家居的需求日益强烈。在智能家居控制系统中，各种智能电器与功能各异的传感器配合着有线连接技术与无线连接技术，完成对整个家居环境中各种设备的控制及监测；同时，智能家居系统也可以通过互联网与外部世界紧密联系在一起，从而轻松实现家居环境与外部信息世界的互联互通，大大方便了人们的日常生活与出行活动。近年来，尤其是智能化小区建设的发展如火如荼，智能家居市场十分火热，各类产品层出不穷，全国总体需求呈现指数式增长。其中，智能家居产品在防盗报警和楼宇控制等领域使用得比较多；从用户角度来看，家居控制和家居环境、娱乐的市场需求较为迫切。

在当今信息化社会中，人们不仅需要舒适的居家环境，更需要一个智能化、信息化、便捷化的能“读懂”人们心思的家居环境。随着整个社会的信息化速度加快，越来越多的通信技术、信息技术渐渐展现在人们生活中，人们的生活、生产方式随着技术的进步在发生着翻天覆地的改变。物联网的应运而生，更是加速了智能家居技术的发展与完善。在现代智能家居的概念中，人们日常使用的基本家居物品都可以互相交流、相互沟通，这正符合物联网“万物互联”的定义。

本书属于智能家居基本原理及应用方面的著作，由智能家居概述、智能家居的现状与发展、智能家居的技术理念与原则、智能家居强电布线施工操作技术、智能家居弱电布线施工操作技术、智能家居通信与组网技术、智能家居与网关技术、智能家居的应用等部分构成，本书介绍了智能家居所采用的技术和标准，详细介绍了智能家居的安全性、居室及建筑小区的家庭自动化，然后介绍了网络的设计原理。本书结构合理，条理清晰，内容丰富新颖，是一本值得学习研究的著作，可供相关工程技术人员参考使用。

全书共十章，主要源于遵义市科技创新人才团队培养计划项目“遵义市配电智能运维创新人才团队”（项目编号：遵市科人才〔2022〕4号）；遵义市科技计划项目“物联网电梯应急救援系统应用研究”（遵市科合HZ字〔2022〕38号）相关研究内容；以应用为目的，突出理论研究与工程实践相结合，包括各种智能网关、通信技术、监控系统、智能照明、网络系统等，以期各子系统间数据共享，实现智能家居智能化与高度集成。

全书主要由张朝兰老师编写与统稿，姜孝均、董泽芳老师参与审核，在编撰过程中，得到北京和欣运达科技公司董世运董事长、李民刚经理和贵联科技股份有限公司的易大江经理等的大力帮助与支持，同时也得到系部领导董泽芳教授的耐心指导，并提出很多宝贵的建议，在此一并致以衷心的感谢。由于笔者水平有限，书中错漏及不妥之处在所难免，恳请读者给予批评指正。

张朝兰

2023年7月

# 目　录

# 第一章
# 智能家居概述

## 第一节 智能家居的基本理论

现阶段的“智能家居”概念，被很多安防设备厂商、楼宇对讲设备厂商、视频监控设备厂商等各种设备公司广泛引用，并且都自称是智能家居厂商。那么，什么才是真正的智能家居呢？只是一个独立的功能性个体吗？然而，就概念本身而言，一个集成高水平的计算机、通信和控制技术（因此也被称为“3C”技术），并且以家庭安全保护系统、网络服务系统和家庭自动化系统为组成部分的家庭综合服务和管理的集成系统即是智能家居的定义。智能家居应当拥有令家庭生活空间成为舒适、安全、高效、便捷环境的“魔法”，实现覆盖全面的安全防护、便捷性与稳定性水平高的通信网络、令人身心安逸畅适的生活环境。与传统家居环境相比，智能家居不仅具有传统意义上的人们生活中需要的功能，还提供了一个安全、稳定、舒适、品位高雅的生活居所；也从原来静态的“固定”构造过渡为更具主动性的、智慧的功能手段，帮助家庭内外始终保持顺畅的信息交流，从根本上使人们的生活和生产方式水平得到提高，甚至节省了各种不必要的资金支出。目前，智能家居的基本预期目标是通过有线连接或无线网络把家居环境里的各类通信设备、家用电器和家庭保护设备与一个家庭智能系统连接，以达到进一步的集中管理，完成信息的互联互通，从而达到对家中不同地点进行监视、控制和家庭事务管理的预期效果，保障住户家里安装的这些设备与住户的房屋所处的环境在相安无事、配合默契的状态下运行。信息技术（尤其是我们的现代计算机技术）、现代网络技术和现代自动控制技术渗透传统家电行业，并进行全面发展、共同进步的必然结果，就是智能家居。以全局的视角来考察，近年来，智能家居发展水平处于各行各业的信息化程度都比较高的阶段，通信行业的自由化和深化，业务量的指数级快速增长，以及现代人类对更安全、更舒适、更高效的工作环境的要求，使当前家庭智能行业对各种设备的需求大幅增加，年增长率创下新纪录。在科技方面，由于人类在计算机领域、自动控制领域的发展，电子信息通信技术的不断成熟，智能家居应运而生，推动了整个现代科学体系和工业体系的共同发展，助力全人类迈向崭新的文明阶段。

“以人为本”的原则向来是总体规划原则的核心，一切自始至终都是为了人，始终以人类的第一需求为先是当前智能家居系统关于未来社会状态具体规划的最高原则，是要让管理和服务的“九层高台”具备建立起来的“垒土”，并且社会大系统的方方面面都在体现这个思想。关注各式各样、功能各异的设备绝对不能与设备的设计画等号，因为这样就是从机器出发，而不是人了。人之于机械设备，设备要为人提供服务、提高人们的生活水平，任何与此理念相违背的家居设备都是没有存在价值的。从用户的角度来看，才是智能家居设计者思考的出发点、设计的最高准则、优化与改进的最优方法。下面的三类是智能家居的实际用户和服务对象。

第一，住户。

住户是智能家居中真正意义上的“老大”，他们站在设计智能家居设备服务对象链条的终点。同时，“老大”们为提供的服务进行消费，向智能家居的生产商与服务商付钱，这在后者的收入来源中占主导地位。另外，住户是对智能家居系统进行最直接使用的人，他们的支持才是我们发展智能家居的原始动力。

第二，社区管理人员。

社区管理人员是智能家居向居民供给服务时的管理者和提供者，主要是指社区的物业管理者，包含在小区进行保安管理的人员，负责管理信息服务的人员。智能家居系统在实践时的应用成效和居民对该群体供应服务的满意度，取决于该群体实际文化水平的优劣和是否能够熟练地、系统地操作智能家居系统。

第三，社会资源部门。

社会资源部门是指小区周围的便利店、各大以网络为主营业务的运营商，维护治安的公安系统、救火抢险的消防部门和救死扶伤的医疗救护部门，以及其他一些部门或者机构，这类用户都与社区生活活动紧密相关，数字城市网络就是它们与智能家居系统相联结的路径。在不久的将来，一个高度“数字化”的城市空间里，建设社会整体层面的系统，而且是有关生态系统的建设，如构建提供管理和为用户服务的系统，还有更加发达的生存环境网络，将成为它们为智能家居贡献力量的主要方式。

## 第二节　智能家居的特点分析

当愈加完善的智能家居技术得以实现，处于现代发展水平的两项技术，即集成网络技术和通信网络技术，还有相互联通、相互操作能力和布线标准体系，它们都实现了更完善的状态以后，智能家庭网络也几乎同步地完成更新升级，有关于家庭区域的网络内一切的智能生活器具、电器设备，还有对于软、硬件系统的操作和管理，以及各种综合集成技术的在实践维度的运用，这所有都包含在其中。软、硬件系统平台，在这里专指智能家居系统方面，它们的技术越来越呈现出以下特点。

## 一、技术特点

### （一）通过家庭网关

家庭网关，即各种家庭智能终端，以及其支持系统软件建立的家庭智能操作平台系统。智能家庭局域网以转换信息网络、通信协议为主要功能，同时负责这些部分间的信息交换、数据交换，还有数据共享，而这一切的范围都局限在用户的家中，数据的交换可能会涉及用户家庭外的通信网络。这一网络的核心是家庭网关。另外，在智能家居设备中，管理和控制的功能，也是家庭网关需要担负的责任。家庭智能终端，又被定义为家庭网关，通过现代计算机技术、现代通信技术和现代微电子技术，将家庭智能的所有功能串联在一起，达到综合控制和综合实现预期目标的要求，使智能家庭设备可以统一构建在一个公共平台上，以最小的软硬件成本达到最优控制的效果的家庭智能操作平台系统。而这个系统，首先，要将内部信息网络与外部信息网络间的数据交换进行实现。其次，必须保证能够精准识别利用网络传输的指令合法与否，排除一些非法“黑客”非法入侵的可能性。故而，家庭智能终端在家庭信息的输送中占据着交通要塞的位置，也为信息化家庭树起了信息安全固若金汤的防线。

### （二）外部功能

家庭智能网关通过外部功能各异的扩展模块实现与家电的互联互通，实现家用电器设备和其他各种各样、功能各异的电子设备的集中、远程管理与控制功能，借助有线网络或无线网络的手段，谨慎地遵守既定的网络通信协议，以外部扩展模块控制家电或照明设备作为途径，满足人们的各种日常生活需求，从而将人类的思维“空暇”彻底地解放出来。这样一来，人们将会有更多时间用来追求实现自我价值的崇高需求。

### （三）嵌入式系统的应用

用单片机实现初级的操控，是传统的智能设备（用户家中）用来实现某种功能的普遍选择，但是随着人们需求的不断增加，单片机也就必须作出实时的调整与优化。现代单片机的处理性能正在升级，而这要归功于新功能层出不穷与新需求花样百出，结果就是对应的调整策略被制定了出来，应用在了应对性能远远超过以往，并且具有网络功能的 Linux 嵌入式操作系统和单片机的控制软件程序结构，乃至关键节点的重新部署，使之有机地结合成了一个完整的嵌入式实时操作系统，更好地满足了人们日益增长的生活需求。

## 二、系统特点

随着智能家居不断地发展与被应用，各种技术（如通信、控制、网络交互技术）越来越成熟，各种智能家居设备也越来越完善，功能也越来越齐全，目前已经初步实现了以下几个关键技术指标。

### （一）实时性——重中之重

在实际应用场景中，一般要求物联网前端传感器设备获取的信息必须实时生成，然后以网络操作层为渠道，把这些即时信息传输到用户手持控制终端（手机），进而实现对应的实时监测，包括后续的反馈控制操作步骤。在往昔的 IT 应用中，物联网前端传感器设备的能力大多限制在获取结果信息和事后处理上，缺少施行实时控制、即刻改变状态结果的有效手段。物联网将在面对实时监测的需求及处于反馈控制的场景中的优势展现得淋漓尽致。

### （二）精细化——控制要求

产生结果的操作过程是各种关注的风口浪尖，尤其是大多数情况下的物联网应用：温度和湿度等的缓慢变化；突然变化的物理量（在一定概率内）。例如，房屋的结构应力、房屋内的家具和电气设备等。因此，信息被传感器获得后的准确性可以由此而得到保障。再者，如果信息能够确切，那么数据分析在下一步骤也能够得到更精细地处理，这都是因为前一步骤打牢了坚固的基础，有利于进行有针对性地、效果更好地完善和改正，从而实现设计目标。

### （三）智能化

物联网在多数情况下可以实现自动获取信息、自动处理信息、自动控制各种相应电器设备等功能。如果收集前段感知设备信息的汇聚节点接收了一部分来自终端的、由信息处理功能负责的任务，那么存在于中央处理器中的少部分信息处理工作架构就可以分担过来。除此之外，采取搜集信息的持续积存储蓄与“自我学习”的手段，可以综合判断得出在具体家庭场景的一定规则下也能够自如地应对“专家”系统，以致搭建信息处理的规则与居民家庭不断变化的生活相适应的处理机制。

### （四）多样化

一方面，无线传感器网络、Internet 网络、有线与无线通信等为数不少的领域技术都与物联网的应用有关，所以实现多种功能组合的可能能够经由物联网供应对应技术完善的产品，还有成熟的服务形态来完成。举例来讲，无线传感网，或者 RF1D 等多种技术手段都可以完成存在于物联网应用架构中的前端感知部分，故而多种多样的前端感知信息也都可以由物联网供给。多样化的特点是物联网可应用的领域的天然形态。

另一方面，在应用框架方面，物联网具有多种可能性。正是因为物联网和种类丰富的技术领域的产品形式和技术手段之间的紧密关系，当现代通信网络的普及程度才越来越高。物联网的应用也得益于覆盖范围越来越广阔的、普及程度越来越高的通信网络，使物联网能够拥有用来支撑的基础性网络。在 5G 时代，物联网业务的实现以移动通信网络为渠道，而这些移动通信网络都具有业务多、容量大的特性。物联网承载着信息网络的连接，这使移动通信网络可以是千姿百态的。

#### （五）包容性

有线、无线、移动，或转网，都有可能变成物联网运行的基础，因为多个基础网络有很大概率可以肩负起联结的责任。负责业务应用功能的物联网网络，就是在这些网络的基础上组建成新的网络，并在多个网络、终端、传感器中进行组合。

大量行业及领域凭借互联网应用进行整合，汇聚成为功能强悍的技术架构，因此各类行业、企业生意蓬勃的市场和无数的机遇皆因物联网而产生。

#### （六）创新性

一场改换新颜、翻天覆地的信息技术革命因物联网而开始。此后，虚拟信息世界的管理方式也进行了数字化，并与物理世界保持同步，这使已有的信息系统能够得到更高层次的升级，即刻应对和远程操纵能力得到提升。此外，物联网将原有的独立物理管理自动化系统，延伸到了远程控制终端。由于无线传感器技术、互联网技术，自动化管理的处理性能和智能化水平发生了震撼人心的变化。

### 三、硬件特点（也可以称为“优势”）

#### （一）维护简单

在完全摆脱了布线的复杂以后，整体性地维护智能家居的便捷程度可以大大提升，甚至可以在保存墙面等设施完整的情况下便捷地维护。

#### （二）无线自动组网

无线短距离通过通信传输，感知信息通过自组织联网实现信息传输都可以由物联网来实现。紫蜂（ZigBee）迥异于上一代智能家居系统（采用 315M 射频技术)，它能够省去存在于主控机和外围设备之间手动对码的麻烦，达到自动组网的效果，降低了调整试验智能家居系统的难度，真正令智能家居系统摆脱低智能化水平的状态。

**（三）实现双向通信功能**

双向通信卓然备于物联网，如在安防报警等模块中，双向通信是必不可少的功能。也因为接入无线，尔后布置在智能家居系统中，工作人员就可以把布线的烦恼远远甩开。

**（四）性价比高**

无线家居成本低、功耗小，而且无线家居灵活程度高、扩张性强，“低碳生活”的绿色家居概念在此得以彰显。

**（五）安装简易**

智能家居系统抛弃了复杂性高的线路，达到了家庭设备联网期望的效果，使便捷性高的方式唾手可得，还可以把物与物、人与物信息双向流通的桥梁打通，最终让家庭设备达成不费吹灰之力操控智能化的目的。无线智能家居安装并不像奥数一样费解，甚至无须破坏墙壁，更不用把新的电气设备费事地买进来，与住户家中已存在的电气装置，如照明家具、电冰箱或者其他家电等进行连接操作，因为这完全可以凭借系统来完成。在可以居家操作家中各式各样的电器、其他智能子系统的同时，智能家居系统完全可以被人们远程控制。

物联传感无线智能家居系统与其他范围领域连接的灵活性很大。最初，照明设施，还有一些使用频率高的电器设备可以与智能家居系统相连接；在未来的生活里，连接范围能够延伸至其他设施，这契合了以智能生活为泉水，汩汩涌出的需求。

## 第三节　智能家居的发展背景

IOT，是物联网的英文简写。智能家居带着深刻的互联网印痕，折射出了这一特点。智能家居连接着家中的各种设备（如音视频设备、照明系统、窗帘控制、空调控制、安防系统、数字化影音系统、音视频服务器、视频柜系统、网络家电等)，并通过物联网技术，提供家电控制、照明控制、电话遥控、室内外遥控、防盗报警、环境监控、暖通空调控制、红外继电器、可编程定时控制等多种功能和手段。智能家居，不仅具有普通家庭拥有的一切日常起居性能，还具有建筑、网络通信、信息家电和设备自动化等功能，信息的流动交通是全面综合的，以至于降低了各种为能源所花的开销。

## 一、家庭自动化（Home Automation）

家庭自动化指利用微处理电子技术，来集成或控制家中的电子电器产品或系统，如照明灯、咖啡炉、电脑设备、保安系统、暖气及冷气系统、视讯及音响系统等。

家庭自动化在智能家居中，如交通要塞，是相当重要的一部分。智能家居翩然问世之初，家庭自动化是和智能家居画等号的。时至今日，它仍然宝刀未老，处于核心要塞。但是，在智能家居开始大面积地采用信息科技，以及网络家电/信息家电终于酝酿成熟后，很多成品的功能，本该是家庭自动化的，都“零落成泥碾作尘”，化入全新研发出的成品中了。于是，纯家庭自动化这条路渐渐“门前冷落鞍马稀”，产品也不再频频出现于系统设计中，家庭网络/家庭信息系统渐渐壮大，有取代其核心地位之势。家庭网络中的控制网络部分的符节也被移交到了家庭网络手中，让它在这之中继续发光发热。

## 二、家庭网络（Home Networking）

家庭网络和纯粹的家庭局域网截然不同。“家庭局域网/家庭内部网络”还会在下文与大家相逢。“家庭网络”这个概念，是指负责联结用户家中的 PC、各种外设及与因特网互联的网络系统，是家庭网络大厦的一块砖。家庭、邻居、小区，都可以是家庭网络的范围，这种技术将 PC、家电、安全系统、照明系统和广域网如璎珞一般相连在一起。有线网络和无线网络构成了家庭网络中用来承担连接功能的科技的全部。有线方案是这样的内容：双绞线或同轴电缆连接、电话线连接、电力线连接等；无线方案的内容是这样的：红外线连接、无线电连接、基于 RF 技术的连接和基于 PC 的无线连接等。

家庭网络增加了许多产品和系统，这些都是用在用户家中的，与办理公务所用的网络截然不同，如家电、照明家具。对应地，家庭网络也获得了复杂性更高的技术标准，而这与许多闻名遐迩的网络厂商，还有名声如雷贯耳的家电厂商有着利益的牵扯。按照写作顺序和结构，在“智能家居技术”一章里，各种技术标准将会被更细致地阐述。家庭网络的整体趋向如海纳百川，智能家居中的其他系统，都将汇入其中，最终助力主导全部。

## 三、网络家电

有一种新型家电，它利用了数字技术、网络技术和智能控制技术，将技术元素融入设计和改进的工序，最后制造出的产品就是网络家电。网络家电向内可以与其他设备联系起来，构成用户自己家中的网络，向外可以携手用户家外部的互联网。由此可以看出，家电之间的互联，即家中各个家电对面相逢可相识，还可以团结一致工作，还能铲除用户家中内部由家电构成的网络与互联网的通信问题，也就是说，家电之间的互联就是让互联网与家电网络真正地沟通起来。

让勾画家电工作特性轮廓的产品模型得到切实的表现，使一些特殊的含义被赋予整个交换过程；还有运送信息的以网络为载体的中介。这是要解决的问题，指解决家庭内部家电互相关联和互相流通信息。电力线、无线射频、双绞线、同轴电缆、红外线、光纤，都是可供选取的，这使第二点难题迎刃而解。其中，网络冰箱、网络空调、网络洗衣机、网络热水器、网络微波炉、网络炊具等，都是可实践性能力较强的网络家电。最后将会是这样的结局：网络家电归入用户家中家庭网络的一分子。

## 四、信息家电（3C 或者说 IA）

花得少、用起来简单、更实际，还有 PC 功能，这可以概括信息家电的大部分功能。利用电脑、电信和电子技术与传统家电（包括白色家电，电冰箱、洗衣机、微波炉等；黑色家电，电视机、录像机、音响、VCD、DVD 等）相结合的创新产品，是一种目的导向的全新家电，这种家电的目的则是提高用户在家时的日常生活的数字化水平，还有是使家电与网络技术结合得更深入。信息家电包括 PC、机顶盒、HPC、DVD、超级 VCD、无线数据通信设备、视频游戏设备、WEBTV、INTERNET 电话等，只要是家电产品，是以网络系统为渠道运输出和接收进信息的，统统可以纳入信息家电麾下。如果画一张饼图代表信息家电，那么这张饼图会被音频、视频和通信设备三等分。再者，从传统方式提供服务的家电，被注入了信息时代的全新技术，从此改头换面，功能升级，日常生活环境也由此更优越。举例来说，模拟电视，VCD 像数字电视、DVD 跨越，电冰箱、洗衣机、微波炉这样留在传统时代的“老人”，也将因为面向智能化、网络化、数字化的智能家居系统而焕发生机，返老还童。

信息家电产品，有广义和狭义之分。广义的信息家电产品涵盖了所有注入了网络技术的家电产品，狭义的则是一些小型家用信息设备，这些小型家用信息设备是被安装了处理器的设备，而且这种处理器是嵌入式的。这种家电可以与网络牵手，主要是互联网，进而拥有一些很具体的功能，这也是它的特征中的一些基础性的东西，既可以形成一套，也可以单独作为配合使用的零件。而带有网络操作能力的家电，可以被归类到家电的产品中，就是我们通常所说的网络家电。网络家电是传统家电的一种更新迭代，由嵌入式处理器、有关的从事支撑功能的硬件（如显示卡、存储介质、IC 卡或信用卡等读取设备）、嵌入式操作系统及应用层的软件包组成。PC 端的某些功能，对于设计更具实际意义，也对有家电功能的成品，意义很重要，而这都可以靠抽出一些功能来完成。信息时代的春风吹入千家万户，使性能更高、开销更低、容易使用的 Internet 工具飞进大街小巷，这也表明，家庭网络必能被带动出一片欣欣向荣的市场，而这也会“反哺”，令“春风”潜入深巷的每一个角落。

## 第四节　智能家居的子系统

智能家居系统的子系统可以划分为八个。

### 一、家居布线系统

在住宅这个整体框架上，智能安防系统、智能安防控制系统将运用综合布线技术、通信技术、安全信息技术及自动控制等手段，如海纳百川般将日常生活中会使用到的装置进行整合，这样家中布置和家里事务处理的系统就被建立起来了。在智能小区周围和内部设置安防系统，设置可视对讲、防卫窃贼的报警探测器、危急状况下的求助和报警按钮、可燃气体检测报警器等家庭生活安全防护系统，并设置 3m（或 4m）的室外计量系统、家电控制及电视、电话和计算机网络服务，最后搭建高速通信的通道，实现居民对其的需求。信息化生活和智能化生活是一朵双生并蒂莲，它们紧密地结合在一起，不仅能够使居民在平常的日子里可以更加舒适、更加方便，还可以改善其生活环境，让其生活更加舒适，也可以以此为一种方式生活，因为社区智能化是围绕这些服务的。

### 二、家庭网络系统

家庭智慧终端通过技术手段来连接物业管理中心，向市民发出信号，这时交互页面会出现各类服务，它们都来源于物业管理企业，而居民可以通过这个界面自由选择。在以后的某个阶段，日常电器会获取一种能力，这种能力可以使它们通过网络将信息输送到遥远的彼方，而这一切都是因为他们被赋予了内在的智能。智能家庭网络的开发，大多要为了统一的网络结构和控制平台、韧性更高的接入方式、高可靠性和兼容性，而最终极的目的则是打造置于其中很舒服、感到安心、使用起来效率很高的日常居住空间。控制家电的部分支撑和构建了智能家居集成系统，对于整个系统有十分重要的意义，走在了家庭智能化浪潮的尖端，指明了该系统未来的道路。网络家电系统的组成路径是，先以有线或无线联网接口为渠道，让家电、照明家具、家庭智能终端三者紧密相连，这样即使身处异地也可以对家电进行一系列的操作。

## 三、智能家居（中央）控制管理系统

智能家居（中央）控制管理系统，在完成家庭智能化使命的时候，选择了家庭智能终端作为并肩作战的伙伴。家庭智能终端是这个系统的核心，也是小区智能化系统的核心。家庭智能终端处于系统心脏的位置，通过它可以实现系统信息的采集、信息输入、信息输出、集中控制、远程控制、联动控制等功能。另外，它还含有人机设置及控制界面（设备的智能化界面）、遥控器控制及设备的远程监视、控制（包括电话远程控制、远程 IP 控制等）。一般情况下，在内部安装 Web 网页的智能主控机，如果可以连接互联网，那么无论哪一台可以接收网络信号的装置，都可以与该网页建立联系，并且可以让用户在遥远的彼方能够监测家中装置的状态，并用视频进行监控或者操纵家庭居所里的装置。

## 四、家居照明控制系统

家居照明控制系统的内容主要有灯光的单一控制和情景控制、远程控制及遥控控制。单一控制是说可以精准控制任何一个照明设备；情景控制是说，许多个照明设备，可以通过按下按键的形式，被调整到预设的状态。例如，所有灯光设备全关、全开，还有在特别情景下的操纵。家居照明系统可以用遥控等种种带有智能化色彩的路径，把整所住宅的灯光调整为智能化的管理模式，使全宅灯光的遥控开关、调光、全开全关及“会客、影院”等多种一键式灯光场景效果能够得以外化，并可用定时控制、电话远程控制、手机控制等多种控制方式，让能耗低、保护环境、住得舒服、省事的特点充分得以显现。

## 五、家庭安防系统

民以安为先，自然而然地，安防系统就获得了智能家居里首屈一指的地位，它可以让家庭安防报警、门窗磁报警、紧急求助报警、燃气泄漏报警、火灾报警等功能的实现都得以保障。一旦智能感应端进入防御模式后，家里有不速之客入侵或者有走路动作的人，红外探头就能够机敏地探测到，并触发自动报警功能，以蜂鸣器和语音为渠道进行报警（本地）；几乎同步地，报警信息将会乘载工具到达另一个地方，这个地方就是物业管理中心，而用户的智能终端也会收到自动拨号。另外，安防系统面对危急的联动状态会立刻覆盖与之有关联的电器，主动地进行防范。这些可被接入的探测设备包括门磁开关、紧急求助、烟雾检测报警、燃气泄漏报警、碎玻探测报警、红外微波探测报警等。自动化的过程，需要依靠大多数分支系统和设备家庭内大多数的子系统和设备接入网络，而对象正是智能家居网络。

## 六、背景音乐系统

清晨，旭日初升，晨曦微光温柔地滑过脸部的肌肤，您提前在智能主机（如TVC平板音响）设定好的音乐，就会如泉水般汩汩地流淌出来，不用起身就能够沉浸在美妙的旋律中，祛除一夜的慵懒，迎接重新充满活力的身体，获得接下来一天的好心情；忙碌于灶台间，准备盛宴时，背景音乐系统就可以流淌出美妙的音符，而这一切手机终端就可以做到。这一系统使人们感受到弥漫在各个角落的音乐。大多数人听到的背景音乐的地方，往往是购物中心、下榻的店邸，或者是有商业用途的会所中，缓缓流淌的音符能够使消费者的听觉体验效果倍增。这些日子以来，智能控制化系统的身影频频闪现于家居生活中，而这也是伴随着智能系统的更新迭代出现的，使得普通消费者越来越期待能够听到美妙的音乐，因此数字家庭也正在经历着一场变革。

## 七、家庭影院与多媒体系统

一种舒服的、具有很高艺术水平的视觉和听觉飨宴正在被提供，而“厨师”则是家庭影院。家庭影院可以极大地促进家庭生活质量的提升，因此国外成熟的智能家居套装往往对家庭影院给予高度重视。而国内则只觉得电视机、播放机再加上音箱，就可以被叫作家庭影院了，认知陷入了误区，这是由于某些生产厂商的故意诱导，家庭影院的定义才会莫衷一是。家庭影院和背景音乐系统，是能够让人沉浸在美妙的画面和声音里的系统。起居室、卧室、厨房、卫生间都是背景音乐系统的触手可及之处，只有注意到这些地方，天籁才能随时而至。

## 八、家庭环境控制系统

室内与室外空气的交换、室内空气变得干净、室内空气向外输送，都需要中央新风系统。在把屋子内已经混浊的空气送出去时，将来自外面的纯净空气放进来，并经过有效的过滤、杀菌、增氧、灭毒、预热等多项处理，再把它们运进屋子里，这样就完成了室内气体的净化。当住所的环境变得越来越好，家中的取暖也要有与以前不同的标准。户式独立采暖系统可分室控制，各个部分的温度也可以被任意设置，全天候编程，既降低能耗又提高舒适程度。另外，水处理系统包括前置过滤、净水、软水、纯水、末端直饮水机等装置。供水管网里面沉淀的杂质，可以用安装在入户总管道口的前置过滤设备滤掉，预保护了水管，也预保护了积水设备，这种设备是安装在水管上的。全天候的保持在一定温度的热水，由热水系统来作为它们的保护伞。这种系统只要一开水龙头热的那一端就是热的，用起来很方便，多点用水、各个区域一齐用水、很大用量的水，需要都可以被满足。在大房型、别墅或复式房中，这种系统可谓是如鱼得水。

目前，随着时代的发展，智能家居系统已经得到越来越广泛地应用，尤其是在很多高档私人别墅、高级商务酒店都有安装。智能家居系统让人们居住的环境更有益于身体，舒适程度更高，也更加智能，让人们的心情更好，整个居住环境都很方便，让用户安心，而且降低了能耗。

# 第二章
# 智能家居的现状与发展

## 第一节　智能家居的国内现状

新兴的智能家居还并不为众人熟知，相对来说较新，正站在导入期和成长期的十字路口徘徊，且整体行业消费的观念还没有具体的轮廓。不过，智能家居越来越为人熟知，广大用户的习惯也被养成了，所以智能家居还有可以进一步挖掘的空间，整个行业能够拥有美好的未来。正因为这样，激发了一大批智能家居生产企业进行资金投入，这些企业的水平很好，而且对产品的重视程度也逐渐加深。尤其重要的是对用户需求趋势转型的研究，对企业发展环境和客户需求趋势变化的深入研究，正是因为这些，大量的优秀品牌以迅雷之势兴起，渐渐站到了产业的前列！在国内，该行业的发展历史有很长时间了，从一开始的概念中的构想，转化成生活中具体的实物，其过程可谓筚路蓝缕。智能家居的发展历程经历了萌芽期、开创期、徘徊期、融合演变期四个阶段。

### 一、萌芽期/智能小区期（1994~1999 年）

智能家居最早萌芽的时候，刚起步的行业还在努力认识智能家居的概念。这时，国内智能家居生产厂商专业水平还很有限，只有深圳寥若晨星的一两家以美国 X-10 智能家居代理销售为业务的公司，来推行进行进口零售业务，消费者对象也大多是侨居中国的欧美消费者。

### 二、开创期（2000~2005 年）

智能家居在开创期时，50 多家智能家居研发生产企业汩汩地冒了出来，主导区域在深圳、上海、天津、北京、杭州、厦门等地，商业营销、教育技术的系统也渐渐丰腴。此阶段，国内市场上见不到国外产品的身影。

### 三、徘徊期（2006~2010 年）

2005 年以后，由于整个行业的无序扩张和恶性竞争的泛滥，致使行业陷入经营困难的境地。它们的厂商对智能家居的功能言过其实，且不对代理商进行培训和扶持，只是无序地扩张代理商的数量，于是代理商的日常经营陷入了销量惨淡、产品不稳定的困局，广大消费者纷纷维权，还收获了一大批来自用户、传媒行业的质疑，原先一拥而上的褒扬变成了小心翼翼，销售量的增长速度也放缓了，还有一些地区的销售数量下降了。2005~2007 年这两年期间，多家生产企业憾然退场，总计有 20 余家，大量的代理商纷纷涌向其他行业。尚余一丝气息的企业，也遭遇了缩小生产规模的困境。然而在这个阶段，外国品牌却悄然布局，打进国内，现在主要的洋品牌，都是在这个阶段被引入的，如罗格朗、霍尼韦尔、施耐德等。而国内幸运生存下来的企业也成功找到了适宜的路径，如深圳索科特向着空调远程控制方面发展，成为了工业智控的厂家。

## 四、融合演变期（2011~2020 年）

自 2011 年以来，智能家居整个行业的发展势如破竹，房地产行业的发展也得到了政府的宏观调控。智能家居由旧的阶段迈入了新的时期，呈放量上涨的状态，从以往的踟蹰徘徊过渡到了融合演变。此后几年，智能家居在迅猛扩张的同时，也谋求协议的互通还有技术标准的融合，行业中出现了大量并购。

未来十年，智能家居可以预见地进入了发展的黄金阶段，这一阶段具有极大的不确定性，因为住宅家庭成了各方人马的必争之地，智能家居也作为一个承接平台成为各方力量首先争夺的目标。何者问鼎中原，且待尘埃落定。但无论怎样，众多销售额可达百亿元的企业如新星一般冉冉升起。在国内做的一个调查表明，其实国内目前对智能家居感兴趣的人在 95%左右。消费者或许会因为价格、实用性望而却步，但价格正是最令人担忧的一方面。据调查，一多半消费者愿意在智能家居上的花费保持在 1000~30000 元，所以实用性、轻智能是主要的发展趋势。

关于该行业目前的状况我们做了一次采访，其中陈某侃侃而谈，国内现状主要分三类：第一是标准统一，对品牌无所谓；第二是实用性须着重考虑；第三就是智能家居应无须学习，因为很多老人担心智能设备装了以后会很烦琐、不会用。尽管市场对智能产品的需求多种多样，但我们对于智能家居的要求始终没有改变——安全、便利、舒适、健康、节能环保，这五点是贯穿智能家居产品的根本。“比如通过云服务，将互联网数据加入逻辑项，结合天气数据，动态地控制花园的洒水系统。如果有设备坏了的时候，就可以自行同步。还有就是云端升级，可以通过远程对系统进行升级。”陈某解释道：“另外，在移动端控制方面，需要更友好的用户界面，基本上在第一次使用时，人们就知道哪里是开空调的，哪里是开门的。我们还做了一个图形界面规则编辑器，用户可以轻松自定义，比如说下班回家，空调是多少度都可以自己在上面做控制，我不喜欢你之前设计的场景我就可以自己编辑。”

在智能家居行业逐渐繁荣以后，消费者也更有意愿向大众化发展，要花费更少，要实用性更强，要方便安装，要调试容易，要能学得快，要用得方便……由部分到整体，由家庭到小区，全方位打造一个真正的智慧型城市。考察根据陈某的认知，我们会发现，他希望可以打造消费者友好型的智能家居产品，要能够有智慧地利用软件工程、云服务、大数据技术，让这几种技术相互辅助，而且互相沟通。若是之后存在于每个品牌的协议壁垒都能被打破，就更能令消费者额手称庆了。

同时，国家政策愈加向智能家居产业倾斜。在国际上，信息方面的科技不断有从未见过的产品、服务、业态出现，整个领域都在革新，以前的消费方面的需求也一直在涌现，越来越受人们关注。我们国家人口基数大，消费体量大，人民的消费水平正在更新迭代，并逐渐走在信息化、工业化、城镇化、农业现代化的道路上，而且信息方面的消费基础牢靠，潜能无限。我国在 2013 年就发布了一系列文件，如《关于促进信息消费扩大内需的若干意见》，目的就是让信息化、智能化迈向新的阶段。这个意见也能促进宽带走进千家万户，让宽带的速度更快，让更多的消费者进入信息领域，铺牢了智能家居、物联网更上一层楼的地基。

让信息领域的产品拥有更强的提供能力，让智能终端产品能够有创新性的飞跃并受到鼓励，让智能终端产业化工程以更快的速度实现的方法当然是与移动互联网、云计算、大数据等万众瞩目的焦点相结合，注入更多的资源在智能手机、智能电视等终端产品的开发支撑上，让终端与服务的发展进入一体化时代，让数字家庭智能终端的研究和开发进入产业的新阶段，让整机企业和制造芯片、器件、软件的企业能够良好地配合，研制开发以前没有过的电子产品，是信息消费领域的新目标。若是负责运行经营的单位和制造公司能够合作，那必然是需要通过定制、集中采购等方面进行紧密配合，才能让智能终端产品进入一个更高的阶段，为信息产业添砖加瓦。

## 第二节　智能家居的国外现状

历史的脚步持续迈进，经济的发展越发提高，社会信息化的程度在这个过程中被逐渐提高，千千万万的普通人逐渐了解到了智能家居的概念。一些比较富裕的国家陆陆续续诞生了“智能住宅”这个概念。“智能住宅”是指让用户的家可以智能化，是家居智能化的预兆，而住宅智能化则处于智能家居的心脏位置。那么怎样的家庭可以荣膺这种称号呢？智能化家庭和智能大厦的概念与定义一样，迄今仍旧是众口不一、莫衷一是。1988 年，能够与用户的方法完美契合的设计标准，还是被用在电气领域的，是由美国制定出来的，机构是电子工业协会，这份文件就是《家庭自动化系统与通讯标准》，当然还有一些别名，比如家庭总线系标准（HBS）。综合世界上其他各国制定的智能家居的定义与概念来看，从大的角度上，大体上规定了一些标准。这些标准是针对住户小区的，也主要在电气领域，如要让住户很安全，居住的空间比较舒服，与外界联系或者交换信息比较便利，信息服务不是单一的家庭智能化系统。与此同时，设计标准也被制定了出来，有三级，考虑到的也是这三个方面，如危险的避免、家中的自动化设置，还有通信与网络配置等。而目标则包括三个：“理想目标”，是第一个；“普及目标”，是第二个；“最低目标”，是第三个。

在 1984 年以前，世界上从未有过智能建筑，直到 1984 年，智能建筑才与世人见面。此后，美国、加拿大、欧洲、澳大利亚和东南亚等较富裕的国家陆续制订了一些方案，都是关于智能家居的。此后，在欧美和新加坡、日本等发达国家，智能建筑得到了各行各业的运用。20 世纪末，新加坡举办了“98 亚洲家庭电器与电子消费品国际展览会”，标志着家庭智能化系统的问世，而且是带有新加坡特点的新加坡模式。

仅在新加坡一国，就有大约几十个小区、几千个家庭在一年用上了家庭智能化系统，在美国则有 4 万户。自 2016 年春节后，在中、韩两国，三星公司的智能家居系统布局不再是“犹抱琵琶半遮面”的状态，而是以机顶盒和网络为渠道，将家居自动控制、信息家电、安防设备及娱乐和信息中心，一共四个部分，汇聚成了综合的、与宽带有关的、用来控制家庭装置的网络。

## 第三节　智能家居厂商的选择

据市场调研机构电子时报研究中心调查，当我们把眼光限制在物联网有关的市场，被普通人大量讨论的便是我们今天提到的智能家居。不过，该领域尚在原始阶段，还没有制定一个能够让人们都认可的标准。扩大市场边界的方法和从没有被发掘过的商机创造，依然是人们津津乐道并跃跃欲试的，而这些动作的主体正是内容供应商，或者提供其他服务的公司或企业。

下面将以安防系统中的产品作为案例来进行阐述。这些产品总的来说大概有三个部分，分类如下。

一是防盗监控设备。监控，也就是智能摄像头，功能是随时可以监测家里发生的大事小情，使得家中的风吹草动都可以尽收眼底，而用户只需要用一部手机就可以完成。除了智能摄像头，防盗监控设备还包括人体活动和门窗开关感应设备，如红外入侵探测器和门窗磁等，一旦发生异常，这些设备会第一时间接收到变化的情况，随后报告给用户手机。近来，国内知名家居企业物联传感问世了一个新颖的套餐，被称作“巨浪”，这类产品就作为一项内容被囊括其中。

二是消防预警设备。消防预警设备主要是为了防止房子中有火灾或者爆炸发生。依照针对性的强弱程度，它可以被划分为两大板块：

（1）针对性较强的设备，监测到一定浓度的烟雾或可燃气时，像烟雾火警探测器和可燃气泄漏探测器这类针对性相较更强的，就会及时地进行报警，让家里的人不至于在发生的时候什么都不知道。

（2）针对性较弱的设备，如果家中的一些家电电线发生了老化，那么智能开关、智能插座这种设备，就会及时反馈给用户这些情况，更智能的是，只要一发生情况，它们就可以自动切断电源，以保护家中的电器，阻止一场可能发生的熊熊大火。

三是环境监测设备。其实，如果更加严格一些，环境监测设备是要被踢出这一队列的，然而也要保证家里有一个安全的环境，所以环境监测设备也被贴上了安防的“标签”。这些探测室内环境情况的设备就是环境监测设备，包括甲醛探测仪、PM2.5 探测器、$CO_2$探测器、空气净化器等，当有害物质漂浮在空气中或者空气质量变得恶劣时，这类设备就可以及时地探测到，或者进行调节。

智能家居可以得到很大发展，智能家居的厂商应该在了解这些的基础上，多管齐下，采取有效的措施。

## 一、行业：生态圈兴起

很多企业都对智能家居平台的前途充满信心，逐鹿于此，百度、腾讯、联想、海尔、小米等硬件品牌商都踌躇满怀，摩拳擦掌，投入了自身生态系统的打造中。国外的代表性企业是苹果，国内的代表性企业则是京东、腾讯、百度、小米、海尔、联想。而该领域的各方力量的比拼格局开始显现，“风起于青萍之末”，从各个平台、企业最近筹备的事情就能够反映出，过去企业单打独斗的厮杀模式终究是一去不复返了，现在联盟与联盟、平台与平台之间秣兵厉马，即将开始新一轮的交锋。

## 二、产品：互联互通和多种控制方式

### （一）不同品牌之间的互联互通

如今各平台各怀心思，为了避免各种智能硬件产品之间的互相联系、互相沟通，避免它们之间的数据共享，各平台商动作一致，都统一了接口。首先，从云数据的对接来看，高科技企业可以在云数据方面进行对接操作。其次，数据可以在同一旗下的产品之间流动沟通，如小米旗下的手机、手环、Wi-Fi；海尔旗下的电视、冰箱、洗衣机等，互联互通的操作都是可以实现的。各个平台目前都埋头于不让产品只在同一品牌间流动沟通。像人机结合，腾讯捷足先登，“我的设备”成为页卡出现在了 QQ 的手机客户端，用户能够通过这一功能，与手机相联并且进行管理，无论是电视、空调、空气净化器，还是插座、灯、窗帘轨、摄像头、体重秤、血压仪等，都在可接入设备的范围中。

目前，建立更具有开放性的平台，对接口进行统一，已经成为小米、海尔、京东、百度、腾讯等多家代表性公司的共识。打破各种类型与各种品牌之间的产品的高高壁垒，实现互联互通，是他们正在努力的事情。不过这只是理想化地构想，竞品间的互联互通是很难实现的。

### （二）除了手机外的多种控制方式开始出现

手机凭借着其便捷的绝对优势备受宠爱，众多该领域的产品都可与它相连接。手机 App 更是有力工具，可以操纵装置、了解运行的情况。手机与智能家居产品“心有灵犀一点通”，是最佳拍档，是用来操纵的最佳终端。安全是衡量很多产品的重要指标，使得制造商对控制方式进行了优化升级，有触控、语音，还有手势。举例来讲，洗衣机、净化器等产品都用碰触来操纵，而像电视、智能音箱这类产品就更倾向用消费者的声音来发号施令，水杯、空调、音响则更热衷手势控制，还有独立硬件按键，有独立遥控器的绰号，它是区别于家电自带的遥控器的。这种产品形式大大加强了通用性，如果要实现对各种家电的控制，无须开机解锁，只需开启应用程序，比用手机省事不少。

### （三）智能硬件定价呈下降趋势，高端产品价格仍旧高昂

目前出现了一种趋势，即互联网向智能硬件渗透，并且出现了一批具有代表性的企业，如小米、乐视、魅族，这一趋势使得电视、路由器、空气净化器的价格大大降低，大多定在三位数、四位数左右。不过用户如果追求更高级的性能，它们是远不能满足的，因为目前的状态就是，这些产品相较而言是很原始的。用户在选择飞利浦 Hue 智能灯泡、Honeywell 空气净化器时，还是必须考虑这些品

牌的价格因素，像门窗传感器、电源、智能设备等，购买全套的智能设备和方案，有可能高达十几万元到上百万元，这是令普通消费者望而兴叹的。

### 三、单个价格战模式和一条龙服务的比拼

小米正在提供智能 Wi-Fi 模块，与传统家居产品结合，谋求更大范围的合作伙伴。放眼其他平台，还有一些更加物美价廉的软件，也是传统厂商提供的对象，百度便是最生动的例子，而 QQ 物联平台的价值则被腾讯发挥得淋漓尽致，凭借诸多连接方式如蓝牙、Wi-Fi、ZigBee、GSM、Z-Wave 等，争取到了从底层到芯片厂商、设备厂商及系统厂商的合作，SDK 被直接写入智能设备中，合作伙伴开发的花费和用户的学习消耗都被大大降低了，不论是硬件的发现、识别还是连接，都易如反掌。

## 第四节　浅析智能家居的发展机遇

### 一、发展机遇

智能安防具有越来越重要的意义，以后会变成智能家居的核心，而未来家居领域也必将走向智能化发展的道路，并转变为智能家居。目前，民用安防产品越来越被公司方面重视，而且智能家居产品的主流前景应当是家庭网络摄像机、家用红外报警器、烟雾报警器、门磁探测器、漏水检测器。质量佳、性能好的产品的需求量将更多。智能家居产品的使用程序很简单，极简步骤将会成为主流，趣味性的操作步骤也会被逐渐纳入。而如何更好地保护环境、降低能耗也要被提上日程，降低能耗的设备要被吸纳进操作系统，让能耗可以被更加智能化的管理。大数据在制造业集团、企业的调整和转型中占据着重要的地位。数据会在不久的将来变成第四生产力，推进社会发展的质变。产品拥有巨大的市场潜力，另外，传统制造企业也从智慧家居依托的大数据分析中，发现了转型升级的一条可行性高的道路。

目前，增长趋势表现在社会经济水平上，广大群众居住空间的标准持续上升，房地产公司、消费者越发喜爱与之相辅助的智能家居产品。时间处于商业需求量上升时，这片新兴市场中接纳了为数不少的主营家电的企业、IT 企业、安防企业，它们纷纷转型投入于此，照明控制、远程监控、智能窗帘等智能的、服务家居类的产品也被制造，随之问世，广大群众高度个人化需要是主要服务对象。我国每年都会消耗许多的能源，因而迫切地需要电力。我们国家许多区域在寒冬

热夏里紧缺电能。土木行业里的照明和空调消耗的电能是建筑电能总能耗的一半左右，故而需要针对建筑过程中使用的供暖、通风、空调、照明进行控制，这是设计者的目标之一，目的是让能源不会被浪费。

完成节能利用自适应控制，迥异的受控设备被楼宇自控系统针对，对应的降低能耗控制技术或控制方法被纳入，机电设备的运行效率随之被提高。控制器里设置好节能控制程序。持续前进的科技可以提升维持客户利益的水平，而且一些通用的节能控制程序被不少楼宇自控产品生产厂家内置于控制器中。西门子公司顶峰（APOGEE）旗下推出的 PXC 系列控制器就是一个很好的例子，当容易好懂的参数被输入以后，节能控制程序就可以被执行。从用户的角度看，内置节能控制算法的控制器，是十分优秀的产品。对代表一种技术发展趋势的它来说，越发慧眼识物的楼宇自控产品的生产厂家的数量将会越来越多。自适应控制算法作为一种控制算法，先进程度更高。CyboSoft 无模型自适应控制专利软件开发的、以多层神经网络为基础的控制程序是它的基础。以复杂的闭环循环控制算法为特点的自适应控制软件，参数的校正能自动，机械的系统、负载、季节性变化带来的缺点可以被补偿。如果与 P1D 控制进行比较，自适应控制的表现更卓越，当然是在动态非线性系统中的响应时间、保持稳态和差错等方面。

能连续调整以应对系统特性变化的自适应控制，操控十分简易。自适应控制抛弃了难懂的建模过程，缩短了响应时间，提高了控制性能的匹配性。自适应控制具有减少培训开销，促进雇员生产力的上升，降低人为错误发生可能性的特点。面对季节性和机械特性的变化自动调节。回路调整水平更高，完成降低能耗。降低偏移量，使阀门和执行器更耐用。降低循环带来的磨损、破裂发生的频率。降低花费在保养、修理末端设备和置换的开销。

## 二、发展的重要性

智能家居行业与物联网共同冉冉升起，使得关注度更高，消费者的态度也比以前严苛，并且喜欢站在物联网的层面对智能家居进行建议，在对智能家居的展望中，有无线、安全、可靠、可自己安装，并且可以用智能终端认知、操控，还有能够提供云服务，这是一些高端人群提出的可以实现不同智能终端的操控，并使自己的实际需求得到更大程度的满足。

有工作人员针对智能家居和物联网的互相联系的问题，采访了国内智能家居的龙头企业——南京物联传感技术有限公司的有关负责人。该负责人表示，一个人待在家中的时间通常会占全天的 50%，如果加上周末的时间，这个比例会更高，这是根据一个人的生活轨迹得出的。

消费者关心的热点还有自己、家庭其他成员和财产安全，这也解释了为什么居住环境、智能家居值得人们重视。

针对为什么消费者更大程度地热衷从物联网的角度向智能家居表达诉求，企业负责人友好地表达了自己的看法：“消费者并没有被很多智能家居企业看作上帝，市场上流通着大量陈旧的、处于过渡阶段的产品，理念也没有转变过来，甚至还有一些传统家电行业的龙头企业，一些陈旧的思维设计、方案还在源源不断地被输送向市场，不过小部分智慧的用户会有清晰的判断，他们渴求新的方案和产品，尤其是在付出了时间、脑力、货币之后。在各个行业都有物联网快速展开的丰富应用的情况下，在天花乱坠的报道和畅想中，智能家居荣膺最受消费者关心的物联网应用之一，智慧的消费者受这些时尚的趋势促使，从物联网的角度看待了智能家居。”“当然，”这位企业负责人如是说道，“你也可以把这种现象看成物联网最富有魅力的地方。”这位负责人强调，“为人服务是物联网归根结底的目的，而社会范围最广的基本单元是家庭，普通人长时间停留的场所更是家庭，智能家居受这两个因素决定，在物联网的应用场所中它一定最重要。”

**（一）从社会基础上说**

第一，目前实现了宽带接入的小区越来越多，从小区到家庭都已铺设信息高速公路。目前已经兼具了初步的基础条件，能够让智能家居依托进行建设和运行。

第二，消费者已经被市场悄悄地培育和教育了，很大程度地提升了认知程度，这正是智能家居概念的炒作起到了作用。

**（二）从技术角度上说**

第一，先是分散控制阶段，再是现场总线阶段，最后是 TCP/IP 网络技术阶段，这些都被智能小区的技术发展经历了，分布式控制集中管理小区各设备得到了解决，因而实现小区内的区域性联网的问题也迎刃而解。

第二，智能家居终端的研发推广，因为不断成熟和产品化的智能家居终端的配套技术，拥有了根本条件，如日渐完善的液晶屏数字显示技术及网络技术等。

第三，在功能设定方面。纯粹为了扩大影响力，智能家居厂家制造所谓“门槛”的时代一去不复返，开始了注重开发有好处并且能有效使用的功能上，对住户和物业管理真正有所裨益。

**（三）从市场角度上说**

第一，为了应对日趋激烈的市场竞争，积极地把高端家居智能化系统配入所开发楼盘的房地产开发商越来越多，这已经成为全新卖点。

第二，智能家居的投入成本相对突飞猛涨的房屋售价提高不多，范围已经是消费者可以承受的。

第三，新的理念随着全国房地产行业的布局扩散。举例来说，在全国范围内，基于 TCP/IP 网络的智能家居设备被绿城集团采用了。

理解智能家居是一件产品或一套单纯的系统设备是错误的，其实它是向业主提供的一种服务，是使业主能够以家居控制系统为渠道，实现对家庭内电器设施的控制和管理的服务。每个家庭的各类信息终端，如电脑、数码设备、家电等，都可以真正跨平台互联互通，给消费者带来全新的数字生活或者体验，让普通消费者刚进家门就可以纵享，还可以享受一些功能，如安全服务、通信服务、能源管理、自动控制等。

## 三、发展趋势

### （一）未来的技术发展趋势

#### 1. 日益增强处理能力的硬件平台

核心处理单元采用 8 位单片机是早期的智能中控器的特点，具有比较简单、纯粹的功能。一般有安防、三表采集、简单文字信息发布和简单的家电控制功能。这个时期家电控制等高级功能处于展示概念的阶段，产品操作界面比较简陋。

为了显示更美观、功能更全面的产品，很多厂家近几年来采用了单片机，或多颗单片机协同工作，这样使智能家居的处理能力更强。产品操作界面在这个时期的改善比较大，往往采用带有触摸功能的彩色 LCD，楼宇对讲的功能也被集成，具有相对丰富的家电控制功能。上海交通大学的 NDT300、正星特的智能王、科瑞的未来之家是比较典型的产品。

有一些国内外的厂家，以 32 位处理器为工具，再加上技术含量很高的嵌入式开发平台，让一些科技含量更高的产品问世了。那些棘手的情况，尤其是让多媒体及其增值服务，在处理时感到大为掣肘，这都因为有了更高的产品处理能力，使操作变得更加简单了。显示引擎更加专门化以后，界面也更加多样、漂亮，操作家电方面的设施也越来越完善。

#### 2. 智能家居平台成为在整合安防、对讲等子系统之后的综合平台

最初，好几套子系统各自为政，进驻用户家里，传统的安防和对讲系统与智能中控器各不相干，所以更难安装，更难操作。安防、对讲、信息、家电控制、家庭数字影音，各方面的技术一体化以后，综合的智能化家居平台也被打造了出来。

**3. 由模拟向数字化逐步转变**

智能家居平台，就像模拟电视向数字电视、模拟手机向数字手机的逐步转变一样，也要走这一条道路，完成从模拟到数字的转向。在数字化的时代，数字信号不会一受到干扰、遭遇衰减，信号就没了，运送信息的量也更多了。在智能家居的系统中，数字化技术运用的领域更多了，以下几个方面是主要表现：

（1）在电路设计方面，采用数字集成电路的方式越来越多。大量的数字芯片被现在的智能家居产品使用，要比模拟电路更有集成度，更加靠得住。

（2）显示效果借助显示数字化大大提升。目前除了极少数厂商，大多数厂商因为数字化显示相对比较高的技术难度和成本望而却步，所以要采用这种显示技术，必须等到显示技术日益成熟，那时越来越多的厂家才会采用它。

（3）逐步走向多网合一的传输方式，安防、对讲、门禁、抄表逐步走向统一的以太网联结。因为多网合一，大幅减少了施工和维护的复杂度，而传输可靠性却提高了。

**4. 从有线走向无线**

人们追求灵活、便携、无所不在，所以催生了无线传输的大潮。灵活是无线传输的特点，有线传输方式无法具备移动性和可扩展性，当然也得投入更多的资金来解决具体问题：

（1）传输的距离与对人体的损害，关系如何平衡。

（2）尽量降低信号受到干扰的频率，要如何解决。

（3）传输带宽的提高，更为复杂的数据传输。虽然确实有待进步的地方，但还好我们有废寝忘食、夜以继日、技术高超的研发人员，而且无线取代有线，是大势所趋。

**（二）未来市场的发展趋势**

对于真正意义上的智能家居，消费者可以看到每天电冰箱、空调、电饭煲等家电消耗电量的状况、二氧化碳的排放量分析等都能仅仅用一部手机实现，优化控制能源使用的效果也可以达成。可穿戴设备面临的，智能家居系统也在经历，智能家居当下面临着如何更好地实践的难题，最后还是应该不断地发现用户在更深层面上的需要，这一点不受地域限制，无论国内还是国外，都需要不断地去发现。在目前的智能家居中，安防摄像头能自动把来客拍下来，直接传输到用户的手机上，或者把电冰箱连接手机控制使用等，都是需求中的控制和联通部分，但这些需求终究不能长久。将大功率家电集成起来为了省电，实现能源管理以达到用户深层次的利益需求，会是大家都同意的。

## 第五节　智能家居与5G的碰撞

### 一、人工智能

#### （一）人工智能与5G的融合助力智力升级

人工智能（Artificial Intelligence，AI）包含知识表述能力、谋划能力、研究能力、推理判断能力、言语沟通能力、认知能力、运动与操控能力、情感表达能力等，AI作用在智能家居的场景下，最常见的莫过于言语沟通能力、谋划能力、认知能力等，同时语音识别、人脸识别的应用正由其背后的技术衍生而来。5G时代的飞速发展，拥有更高速度、更低时延、更广连接的网络将极大地改善在智能家居场景下语音识别、人脸识别的响应体验。例如，现有环境下语音识别的网络流程，从阵列麦克风的前端采集到互联网服务的请求结果，再到第三方服务的获取及界面的反馈，整个网络链是比较长的，而其中较大的延迟出现在网络数据的传输过程中。5G的到来将会改变消费者体验上的不足，使得在这种场景下的智能家居体验有一个质的飞跃。

AI的概念、算法和模型日新月异。从20世纪50年代末概念的提出到21世纪的应用，AI经历过多次科技浪潮的起伏。在智能家居领域，AI技术的应用非常广泛，家庭辅助机器人、自然语音识别、图像识别等AI技术给现代家居生活带来了全新的变化。可以看到，随着5G技术的推广，更多有趣的AI技术使用场景将融入家庭环境，使家居生活更加的“智慧”。

在21世纪的第二个十年里，世界快速地从个人计算机（Personal Computer，PC）时代进入移动时代。智能手机、4G高速网络的发展又催生出了微博、微信等新一代媒体传播工具和通信工具。云技术的快速发展也让个人、企业越来越多地选择将自身产生的数据“上云”。在大数据时代的背景下，由美国谷歌公司研发的AI围棋机器人“AlphaGo”在2016年击败了韩国棋手李世石和中国棋手柯洁。移动互联网的新媒介使得这个带有浓烈科技色彩的信息快速传播到各个阶层，吸引了各国科技人才、资本及政府的注意。中国已颁布了国家层面的AI发展政策。可以说，近几年无论是在政府层面、资本层面还是在民间层面，AI技术都拥有更广阔的发展前景。

#### （二）人工智能与5G的融合助力智能家居飞跃发展

回顾智能家居交互技术的发展历程，我们发现人与智能设备之间的最直接的沟通方式就是采用AI语音与AI图像进行交互。信息技术的高速发展，以及物联网的诞生，促成人们利用智能语音、图像技术获取信息和交流，使沟通变得更加快捷高效。

在AI技术的赋能下，智能语音、图像技术成为智能家居中最重要的交互手段和使用场景。智能语音、图像技术作为一种新形态的交互方式，在家庭中将不可或缺。而电视作为家庭客厅的主导，在电视的设计和研发中加入AI语音和AI图像技术，势必为智能家居的交互提供更大的便利。

**（三）人工智能与智能家居交互的关键技术**

AI与智能家居交互的关键技术包括AI智能语音技术和AI图像交互技术。

**1. AI智能语音技术**

什么是智能语音技术呢？简单地讲，就是人和物之间的对话；专业点讲，就是人机语言的通信，包括语音识别技术和语音合成技术。其中，语音助手是人工智能应用的具体呈现方式，语音识别技术的不断发展应用，促使大部分电子产品都配备了语音助手。在电视产品中，智能语音技术已被广泛应用，电视作为家庭的智能控制中心，需要全时段支持控制功能。全时AI语音交互技术实现了电视无论是在开机状态还是在待机状态，都能接收语音控制命令，实现用户的控制行为。

电视全时AI语音交互技术要求在不使用语音遥控器的情况下，基于内置在电视整机内的语音采集模块实现声音采集，在开机与待机时都能实现AI语音交互。

全时AI语音交互实现流程如图2-1所示。当电视处于AI待机模式，语音输入“我要看×××电影”的命令时，阵列麦克风获取的声音命令，通过电视中央处理器（Center Processing Unit，CPU）实现声音的模拟与数字的转换，然后封装成数据包上传到云端语音识别服务器。通过基于云计算的语义识别技术，将数据包解析成语音命令再回传给电视，然后电视调用本地硬件接口，开启显示功能，进入播放模式。

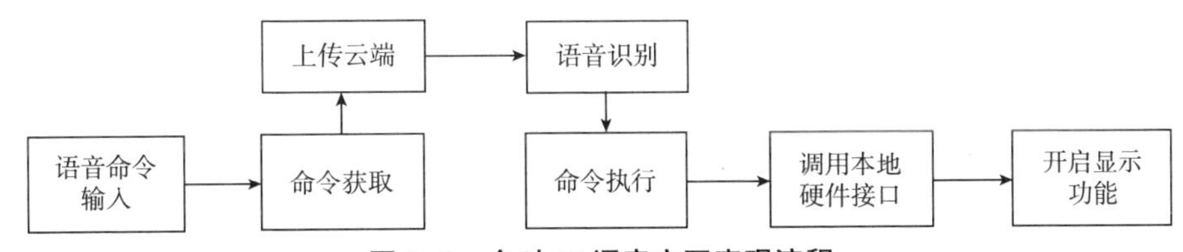


**图2-1　全时AI语音交互实现流程**

**2. AI图像交互技术**

AI图像交互技术是指利用计算机对图像进行处理、分析和解读，以识别各种不同模式的目标和对象的技术，其原理流程如图 2-2 所示。

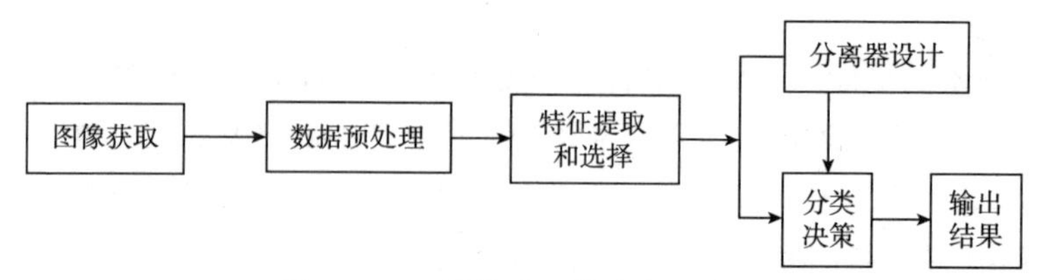


**图 2-2　AI 图像交互技术原理流程**

图像获取：通过计算机对各类现象进行识别并分类，首先采用各种输入设备将待识别对象的信息录入计算机。通过测量、采样和量化，使用矩阵或者向量来代表待识别对象的信息。

数据预处理：去除杂声，加强有用的信息交流，并恢复因输入测量仪器或其他因素造成的退化现象。

特征提取和选择：待识别对象的数据量可能会很庞大，因此为了能够更有效地实现识别并分类，需要通过变换原始数据，以得到最能反映分类本质特性的数据。

分类决策：通过获得的数据对计算机进行 AI 训练，从而制定判断标准，把待识别对象归为某一类别。

分类器设计：分类器进行分类决策，首先需要对分类器进行训练，即分类器首先要进行自主学习。研究机器的自动识别，更重要的是对分类器进行训练，使它具有自动识别的功能。

电视利用智能摄像头截取图像，通过 AI 图像识别技术识别出图像的具体内容，进而打造不同的视听环境。例如，当内置在电视上的智能摄像头截取到老人和小孩的图像时，电视会结合 AI 场景识别技术，自动对画面进行亮度、音量等操控，为老人、小孩量身定制视听模式。

## 二、面向 5G 的数据采集技术

数据采集技术提供多种手段让用户得知家庭中的各种情况。然而，在传统的智能家居中，由于传感器部署的数量及产生的数据较少，往往利用 Wi-Fi 等低带宽的方式进行通信。随着科技的进步和市场需求的增加，越来越多的传感器开始被应用于智能家居领域，它们在环境判断和系统控制中的重要性与日俱增。随着传感器数量的增加，智能家居对数据传输的要求也有所提高，而低带宽的通信方式已无法满足未来智能家居的发展。5G 技术可以提供更快的传输速度和更多的接口，满足了智能家居对海量数据信息采集的传输要求。5G 技术通过将高清摄像头、智能门锁、空气监测、人脸识别等传感器接入 5G 网络，可以让用户随时随地了解家中的情况。

传感器本质上是一种检测仪器，它可以根据某种规则检测需要测量的数据，并将其输出为电信号，继而进行接下来的数据传递、处置、记载、支配、贮存或呈现等。智能家居中的传感器主要有三大类，分别是气体传感器、颗粒物传感器、人体感应传感器。

**（一）气体传感器**

气体传感器是一种将气体信息转化成对应电信号的转换器，通常作为安全系统的一部分，用于检测气体泄漏或其他气体排放物。气体传感器与控制系统连接，可以实现自动通气、换气的功能。

**（二）颗粒物传感器**

颗粒物传感器主要应用于检测空气中的各种悬浮颗粒物。空气中有多种悬浮颗粒物，按大小可划分为细颗粒（粒径 0.1~2.5μm）、中颗粒（粒径 2.5~10μm）和大颗粒（粒径 10~30μm）。悬浮颗粒物对人类身体健康有一定危害，尤其是粒径越小的颗粒物，当它们进入人体的呼吸道时，进入的部位就越深。粒径为 2μm 以下的颗粒物甚至会深入支气管末梢和小肺泡细胞，进入血液，颗粒物在血液循环中扩散，会导致心血管疾病、呼吸系统疾病和肿瘤等疾病的发生率更高。

基于颗粒物光散射原理的光学仪器已用于 PM2.5 的测量。家用型光学颗粒物传感器不但具有尺寸较小和成本较低的优势，而且其线性和精度在特定条件下可以维持较高的水准。

**（三）人体感应传感器**

人体感应传感器包含一系列用于检测空间区域中人体存在的技术。检测家庭环境中人的状态是智能家居设计的重要方向，创建一个能够对居住在其中的人作出反应的家庭环境，正在成为智能家居系统的核心。人体感应传感器常见的应用领域包括家庭呼救、家庭防盗等。

# 第三章

# 智能家居的技术理念与原则

## 第一节　智能家居的设计理念

本节针对智能照明、全宅无线网络、背景音乐、家庭影院、电动窗帘控制、空调控制、安防控制七个系统的功能给予简要描述。

### 一、智能照明系统

智能照明系统是通过电脑、遥控、开关实现开关、定时、场景控制照明灯光。当开关开启时，会有一盏灯徐徐打开，当开关关闭时，这盏灯会逐渐黯淡，最后熄灭。

定时：当你很长时间不在家里的时候，你可以在晚间开启或关闭灯光。

场景：会客、阅读、听音乐、晚餐模式、影院模式等多种不同类型的照明，可以“一键式”进行设置和储存。在各种情况下，你可以设定和储存各个光源的亮度，当你在使用时，只要轻推一下，就能瞬间展现出一个繁复的光影。

### 二、全宅无线网络系统

全宅无线网络系统实现了整个家庭的无线网络，既方便用户使用，还可以在家庭局域网上进行资源的分享。

### 三、背景音乐、家庭影院系统

背景音乐、家庭影院系统可用电脑或手机播放音乐，为整栋房子或独立的屋子放歌，还可以按时间来进行播放，比如设定早上的起床音乐。该系统还可将家中的全部电视与电脑相连，同时或单独地进行影片的放映。

### 四、电动窗帘控制系统

电动窗帘控制系统可以设定时间开启或通过远程控制的方式打开窗帘。

## 五、空调控制系统

空调控制系统可实现对空调的遥控和调温，还可以对其设置定时定温。

## 六、安防控制系统

所谓“红外防控”，就是在别墅周围设置一道红外对射栅栏，一旦有外人闯入，就会触发警报。

视频监控：住宅周围和室内设有多个摄像头，整个住宅中的人在 24 小时里的一举一动都能一览无余。当你外出时，这个系统可以将你家里发生的所有事情都记录下来可保存一个多月，等你回到家里，你就可以一一进行回放了。即使你不在家，视频监控也可以按时间发送相关图片到你的邮箱或手机中。该系统还能在家里发生不正常情况时，实现自动呼叫报警和预先设置的呼叫。

火灾监测：在衣帽间、厨房及餐厅内设置一个烟感式探测器和气体探测器，一旦发生烟雾或气体泄漏，该装置会立即按下警报，并可自行开启警报及预先设定的呼叫。

感应报警：家里的安保设施全部安装完毕，如果有外人进入，或者是窗户被人破坏，那么该系统就会立即发出警报，并可以自动进行报警。当然也可以在家中进行安全监控系统的拆除。

智能家庭的最大特色就是要实现“个性化”定制，也就是说，家庭装修、家电设备、衣物、玩具等都要由消费者自己动手，所以智能家居 DIY 是今后的发展趋势。将来，智能家居（家庭自动化）的零售点将层出不穷。

对普通民众来说，居住环境的舒适度是其追求的目标；智能家庭是一种提高生活品质的产品，它将会让我们的生活发生翻天覆地的变化，让我们既可以拥有属于自己的智能家居，也可体验 DIY 乐趣，并在这个过程中体验科技带来的趣味与便捷。

# 第二节　智能家居的设计原则

一个住宅小区智能系统的数量、系统的先进性和一体化程度能否直接影响整个系统的成败，关键在于系统的设计和结构的经济性和有效性，系统的使用、管理和维护的便利程度，系统或产品的技术。总之，智能系统的根本就是要以最少的投入和最简单的方式，达到最大的效益及最好的效果。因此，在进行智能化家庭设计时，必须遵守下列几个基本准则。

## 一、便利性

为用户提供安全、舒适、高效、便捷的居住空间是其发展的根本目的。智能家庭产品注重实用性、易用性和人性化，抛弃了那些花里胡哨、只作装饰的产品。

应该按照用户的需要来进行智能家庭的设计，它包含了智能家电控制、智能灯光控制、电动窗帘控制、防盗报警、门禁对讲、煤气泄漏报警等最基础的功能，以及三表抄送、视频点播等增值功能。许多个人型的智能住宅都有多种控制方法，包括本地控制、远程控制、集中控制、远程控制、感应控制、网络控制、定时控制等，这些都是为了帮助人们从杂乱无章的工作中解脱出来，但一旦操作流程和程序设定太过复杂，就会引起用户的反感。因此，在智能住宅的布局中，必须兼顾用户的使用感受，更要注意用户使用方便、直观方面的感受，最好是使用一个图像式的控制面板，让所有的动作展示得一清二楚。

## 二、可靠性

系统的各项智能系统应该能够 24 小时不间断地工作，因此系统的安全性、可靠性和容错率都应该得到充分的关注。通过对电力、系统的备件、系统的备用等进行适当的故障处理，以确保系统正常使用，且质量和性能良好，并具有应急处理的功能。

## 三、标准性

为了保证系统的扩展性，实现各厂商的兼容性和互连，必须使用 TCP/IP 的标准。该系统的前端装置具有多功能、开放和扩展功能。例如，系统主机、终端和模块等都是统一的界面，为各系统的外部供应商搭建了一个统一的系统，同时具有可扩充性，且无须挖掘网络，简单可靠，节约方便。另外，选择的系统及产品可与将来发展中的第三方控制装置互通互联。

## 四、方便性

线路的简单与否，与成本、可扩展性、可维护性有关，必须选用简单的线路，在建设时可与单元宽频连线，简单方便；装置易掌握，操作和维护简单。便于工程的安装和调试，对系统的设计也很有意义。住宅智能化的一个突出特征是安装调试和相当多的维修工作，这就要求花费巨大的财力和人力，并且已经严重地限制了行业发展。为了解决这个问题，在进行系统的开发时，必须充分利用网络进行远程的调试和维修。

用户既可以利用互联网完成对家居智能系统的控制，又可以在远程监控设备运行状态下及时发现系统发生的问题，使用户可以在不同的地方进行系统设定和版本的升级，方便用户使用和维修，并降低维护成本。

### 五、先进性

在系统的开发过程中，既要满足使用户的需要，又要兼顾技术的飞速发展；既要保证技术上的领先和适当超前，又要注意使用最新的技术标准，使之与当今技术发展的潮流相适应，具有更新、扩充和升级的功能。在软件、硬件、通信接口、网络操作系统、数据库系统等方面都要达到与世界接轨的要求，实现了系统的可扩展性和兼容性。

## 第三节　智能家居的功能解析

当你回家、打开房门的同时，智能家居安全系统也会自动打开，走廊上的灯光亮了起来，空调和新风系统自动启动，音乐也会响起。而且，只要一个遥控就能操控家里的全部家电。每晚，所有的帘子都会按时间关掉，在睡觉之前，按下“晚安”键，就能控制房间里的灯和电子产品，并且安全装置也会被打开。在你出门前，只需一个按键，就能把家里的电灯和电子设备全部关掉。

夏日酷暑，你可以在上班之前用电脑把家里的冷气打开，这样回家就能感受凉爽；冬天的时候，使用该装置也能感受到温暖。在回到家里之前，开启电饭锅，一回到家里就能享受到美味的饭了。假如你不能用计算机，也可以通过手机来遥控。当你在办公期间，你可以通过计算机访问互联网，就可以立刻看到你家里的安保和家电的图片或者录像，这些仅仅是其中的一部分。

家庭智能技术发端于美国，其中最有代表意义的就是 X-10 技术，利用 X-10 通信协定，可以使整个网络中的所有装置进行资源交流。由于其布线简单、功能灵活、扩展方便等特点，已为广大用户所普遍采用。

一般而言，一套智能化住宅系统应该包含六大类：家庭安全防范、照明控制、环境控制、家电控制、智能化控制、多种途径控制。用户可以根据具体需求选择相应的服务。

居家安全防范可以采用技术手段来达到家庭安保的目的。家居安防系统包括防火、防盗、防燃气泄漏等多种安全措施，并具有远距离监测的功能，使用户能够通过互联网、手机实时掌握家中的状况，并能够实现对家中各种状况的实时应对。智慧家庭的网络控制，能够为用户提供家电控制、灯光控制、窗帘控制、电话遥控、室内外遥控、防盗报警、程序控制等，让用户的居住环境更加舒适、方便、安全。智能家居以家居自动化为主要内容，家电、照明等电器的自动化将成为今后住宅自动化的主要内容。智能化住宅的发展趋势是住宅的自动化，它采取的控制方式为集中式和分散式控制。也就是说，用户可以通过互联网和手机来遥控室内的各种电器。在对个性化生活要求不断提高的今天，家庭内部的影音系统、家庭内部的环境、网络虚拟环境等的需求都将不断增加，对家庭的自动控制也会有很大的影响，并且在将来的智能家庭中，用户也会有更多的选择。

智能家居是指一套由计算机技术、网络通信、综合布线、无线技术等技术构成的家庭居住系统。与一般的住宅相比较，它既具备了传统的住宅功能，又提供了一个舒适、安全、整洁的居家环境；它还从原有的被动静止结构转变为具有能动智慧的工具，不仅可以实现全面的资讯交换，同时可以确保家人与外界的资讯互通，使之更好地规划和提高安全度，节省了大量的能耗。

与一般的家庭相比，它具有如下四个特点。

第一，智能化。从原有的被动静止结构转变为具有能动智慧的工具。

第二，信息化。为用户的家人和外界的各种信息交流，提供全面的沟通。

第三，人性化。注重人的主观能动性，注重人与居住环境的和谐统一，从而实现对居室空间的任意掌控。

第四，节能化。省去了家电的休眠状态，一键关机，节约能源。

从配线模式来看，当前市面上的智能家庭技术包括集中控制技术、现场总线技术、电力载波技术、射频/红外遥控技术。

下面介绍这几种控制技术的基本情况。

## 一、集中控制技术

智能家居系统采用的是集中控制方式，它是由系统主机构成，中心处理单元负责对整个系统进行信号处理，一些外围接口单元则整合到了主控板上，包括安防报警、电话模块、控制回路输出模块等。

这种设备因其采用的是星形布线模式，所以全部的安防报警探头、灯光和电器控制回路都要连接到主控制台上，与常规的内部布线相比，布线长度有所增加，操作更加烦琐。现在这种类型的商品在市面上比较常见。

## 二、现场总线技术

室内照明、电气、警报等设备的联网和信号的传送，都是由现场总线控制系统来完成的，并利用分散式现场控制技术，使控制网中的各个模块都可以就近连接到总线上，便于布线。

通常情况下，在现场总线的设计中，可以进行任何形式的布线，也就是采用星形或环装的布局。灯光回路和插座回路等大电流的配线与常规配线方法是完全相同的。过去“一灯多控”在住宅中较为常见，通常使用的是“双联”或“四联”开关，但线路复杂，造价昂贵。该系统采用了一种全分布的智能化控制系统，具有双向通信、互操作性和互换性，所有的控制器均可以进行程序设计。传统的总线技术是一种双绞式总线，每个节点都能从总线上获取24 V/DC电源，或在相同的总线上进行无极性、无拓扑逻辑约束的互联与通信。

该现场总线控制系统的主体包括电源、双绞线和各功能模块，各功能组件均以双绞线为纽带，彼此间的联系部分极性。总线控制系统的产品可以按其不同的用途分类，在此简要地对其进行介绍。

### （一）基本控制产品

其中，总线控制的基本功能有总线电源、电话遥控、计算机控制、无线遥控、TCP/IP接口、安全控制和安全警报接口等，同时它们也提供其他总线控制产品的接口。

### （二）灯光控制产品

灯光控制产品的代表是一种轻触型的电子开关调节器。其外形大小与普通的电闸类似，它通过对电灯进行智能化的改装，实现了调光、遥控，并可以根据不同的照明需求，制造出多种光源。单个的电子设备如果发生了问题，只会对与其相连的部分产生一定的损伤，如果没有其他设备，则可以通过更换原有的电源来进行人工控制。

### （三）电器控制产品

电器控制产品是指上述的受控电源。其功能类似于电子开关和调光器，并可以替代原来的电源插口，从而达到对电气设备的智能控制。通过连接电饭煲、热水炉、洗衣机等电器，用户可以通过开关、遥控器、手机等方式进行操作，既方便又节省时间。该装置包括自动或人工两种运行模式，当该装置发生故障时，也能通过人工进行操作。

### （四）红外控制产品

空调机、电视机、DVD机等都属于红外控制产品，它们具有红外线的信息采集和存储，并通过与控制总线相连的装置（包括控制面板、定时、遥控、电话、互联网等）实现开、关、模式、温度及电视机、DVD 的开/关、音量调节、频道选择、播放、停止等操作。

**（五）安防控制产品**

人体红外、气体泄漏、烟气感应、三表抄送、可视通信等都是安防控制产品。由于具有总线兼容标识，因此它的安装和应用更加简便，它可以通过总线与基础设备相结合，通过手机的远程控制/IP 接口和其他警报界面进行远程警报。此外，通用的传感器还可以用于基础设备的安全监控接口。

## 三、电力载波技术

其中，以载波类家用控制器为代表的是无线技术应用。功率载波技术利用 220 V 供电线路把发送端的高频信息传输到接收端，从而达到对智能化的要求。在 50Hz 的功率线路中，用高频信号传输技术将 120 kHz 的编码信号增加到 50Hz，并通过传输装置向接收机发送该频率信号，同时各接收装置事先设置一个包括房间码（A-P）及单元码（1～16）的地址码，共有 256 种不同的组合。所以，该设备的最大优点是无须附加线路。

## 四、RF/IR 遥控技术

遥控开关包括无线 RF 遥控技术和红外 IR 遥控技术。实际上，其是在原有的常规电气设备中加入了遥控功能，有的甚至在遥控器上加入了可计时的控制器，但其不能算是家用电器的理由就在于其功能比较简单。

## 五、智能模块技术

在智能家居平台中，执行器和控制终端都是由智能模块组成的，它们就像大脑和神经系统的连接一样，是一个有机的整体，而整个控制过程则是通过协同操作来实现的。智能中控器就好像一个大脑在控制着智能系统，下达着各种各样的命令，但它的命令却是由外部的智能模块来完成的，没有了这些核心部件，它就会像一个没有四肢的人一样行动不便。

根据其功能，可以将其大致分成以下类别。

**（一）红外控制模块**

具有红外线远程遥控的家庭家电，如电视机、空调等，其最大的特色就是具有红外线学习能力，无须对原有家电进行改装。

**（二）照明控制模块**

家庭的照明越来越多，从一开始的电线开关到现在广泛应用的机械式开关，尽管在外形上有了很大的改进，但还没有脱离人工控制的范围，所以在智能家居系统中，照明的智能化非常关键。

**（三）远程控制模块**

远程控制模块拓展了智能家居的使用范围，并极大地丰富了控制工具，让用户可以通过电话、短信、网络进行交流，哪怕与家远隔千里。

**（四）手持遥控器**

遥控器是一种便携式远程控制装置，它是一种智能控制系统的附属装置。通常情况下，它会脱离中央的控制，独立地完成最基础的工作。

在我们的日常生活中，智能家庭的前景也非常被看好，具有很强的实用价值。在实际生活中，随着电子技术的日益普及，我们能够更加深切地感受到电子产品带来的种种便捷，而智能住宅的问世也为我们的生活带来了更多的可能性。

以居住为基础的智能家居，也被称为“智慧住宅”，是集建筑设备、网络通信、信息家电、设备自动化等于一体的高效、舒适、安全、便利、环保的居住空间。它从消极的生活方式中解脱出来，在保留原有的生活职能的前提下，变成了一种现代化的、带有动态、智能的生活方式。智慧家庭不但可以全面地为人类服务，而且能提高人类生存与生活的质量，为人类合理地安排时间、节约能源，提供家电控制、室内外遥控、照明控制、窗帘自动控制、电脑控制、防盗报警、电话遥控、定时控制等多种控制功能。

近年来，“智慧家庭”成为大众熟悉的字眼。然而，用户经常在媒介中看到的关于智慧住宅的信息，其实会造成对智慧住宅的认知偏差，致使人们不了解智慧住宅与自己家庭之间的关系。事实上，智慧住宅通常指的是智能化的装修，它能让人们的生活变得更加智能化，它的使用和人们的生活密切相关。早晨，柔和的灯光与音乐声将你的家人从睡梦中唤醒；在厨房，定时器已经“命令”用微波加热好了早饭；在上班前，你只需在遥控按钮上轻轻一按，所有的灯光和电子设备就会关闭，所有的安保设备会自动启动；在下午下班时，你可以用手机给家里打电话，把客厅的冷气和卫浴的热水器打开，等你回家的时候，你就会感觉很凉爽，还可以泡一个很好的热水澡；夜晚，你可以通过家中的影音设备，观看一部电影，按照事先设定好的影片，按下按钮，幕布就会缓缓打开，将室内的光线调整到最柔和的程度，而屏幕开始播放……这一切在以前仿佛是痴人说梦，但如今，它已经不再是普通人梦寐以求的奢侈，而是智能家居的一部分，并让人们的日常生活变得更加方便。

# 第四章
# 智能家居强电布线施工操作技术

## 第一节　智能家居强电识图

**（一）灯具的接线方法**

如果一栋楼里有很多灯具和插座，那么插座、灯具的接线方式通常有两种。

**1. 直接接线法**

开关、灯具、插座直接从主干上接，电线之间可以有接头。对于瓷夹配线和瓷柱配线，可采用直接接线的方法。

**2. 共头接线法**

目前，在实际应用中，电缆管配线、塑料护套线等配线均已被大量使用，电缆管中不得有任何接线，仅在开关盒、灯头盒、接线盒中进行接线。该方法被称作“共头接线”，其可靠性更高，但由于线路损耗大，线路的变化十分频繁，且线路的数量随着开关位置的改变、进给方向的改变及开关位置的改变而改变。

**（二）常见的照明控制基本线路**

以下是常用的基础灯光控制电路。

**1. 一盏灯或多盏灯由一只开关控制**

在同一个室内，一只开关可以用来操纵一盏灯，见图 4-1。本设计为使用电线管配线的最简易的照明布局。图 4-1（a）是照明的平面视图，灯底座和转换器的电线均为 2 条；图 4-1（b）是一种简洁的体系示意图；图 4-1（c）是一种立体的透视接线图，其中两条电线分别是一条中线 N 和一条控制线 G；图 4-1（d）是原理图。根据电路板上的电路板结构，可以从实际的线路上了解导线的数量变化。

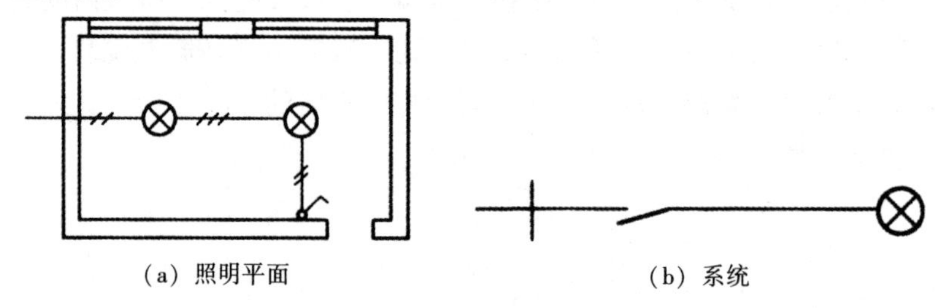

（a）照明平面　　（b）系统

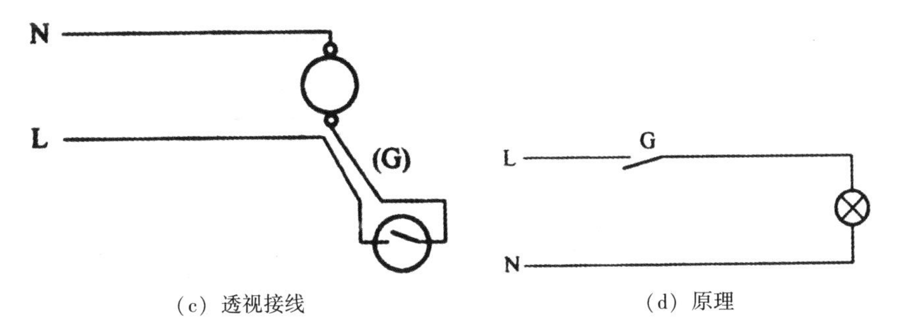


（c）透视接线　　（d）原理

**图 4-1　一只开关控制一盏灯**

一只开关控制两盏灯的情况如图 4-2 所示。

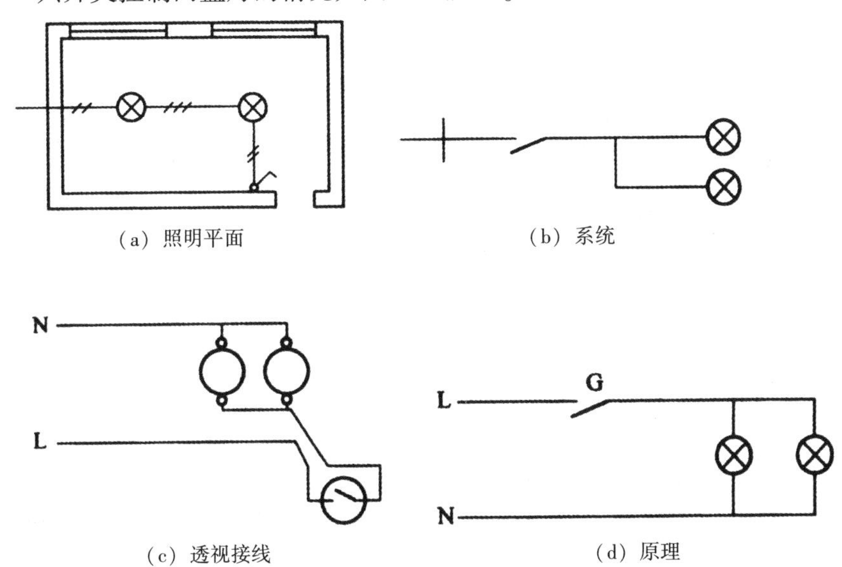


（a）照明平面　　（b）系统

（c）透视接线　　（d）原理

**图 4-2　一只开关控制两盏灯**

从图 4-2 可以看出线路图和真实线路的不同之处，实际电气接线的注意事项如下所示。

第一，电源进线和接入开关、灯座的都是两根线。

第二，接通电源的开关应与相导线相连，一入一出，输出端接灯座，零导线不入，与灯底座连接。

第三，当一只开关同时操作多盏灯时，多台电源线必须并联接线，而非串联接线。

**2. 多个开关控制多盏灯**

图 4-3 为两个房间的灯光示意图，包括一个照明配电箱、三盏灯、单控双联开关和单控单联开关，采用的方式是电线管配线方式。图 4-3（a）是一个平面

图，左边的两个灯之间有三条导线，而在中间位置的灯和单控双联开关有三个导线，其他的全部是两个导线，由于导线的中部不能有接头，所以它的连接必须放置在灯箱或者开关箱里。图 4-3（b）是一种简洁的体系示意图。图 4-3（c）是原理图。图 4-3（d）是透视接线图。根据电路板上的结构，可以从实际的线路和线路上了解电线数量的变化。

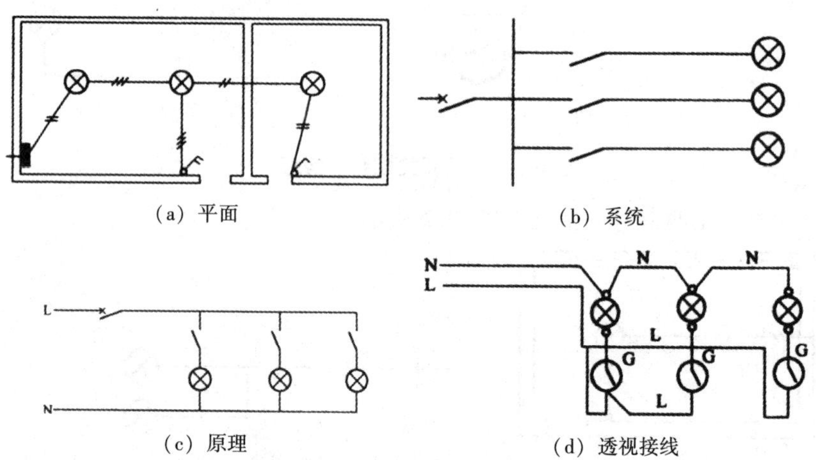


（a）平面　（b）系统　（c）原理　（d）透视接线

**图 4-3　两个房间的照明示意**

**3. 两个开关控制一盏灯**

在两个位置分别使用两个双控开关来分别操作一盏灯，一般用于楼梯灯和走廊灯，在走廊的每一头用一个双控开关来分别对一盏灯进行操作，如图 4-4（a）所示。图 4-4（b）是一个电灯的原理示意图，并且在附图 4-4（c）中展现透视接线图。当线路显示的是打开的状态时，灯光是不会发光的，但是当你拉动两个开关中任何一个的时候，它就会打开。

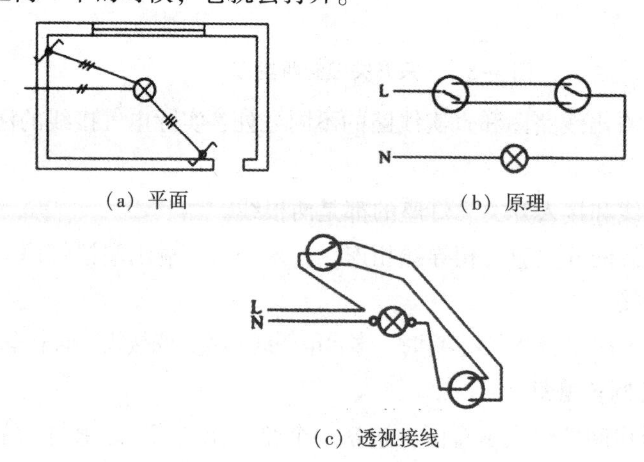


（a）平面　（b）原理　（c）透视接线

**图 4-4　两个开关控制一盏灯**

# 第二节　家居布线材料的选用

## 一、PVC 电线管的分类及选用

### （一）PVC 电线管

PVC 全称 Polyviny Chlorid，它的主要成分是 PVC，还添加了一些其他的材料来提高它的耐热性、韧性和延展性。PVC 电线管是一种无污染、无味的绿色产品，它是用 PVC 树脂与稳定剂、润滑剂等混合后经热冲压成型的。

在现代化住宅中，通常使用电缆穿过 PVC 电缆管道进行隐蔽敷设，在室内、楼板和吊顶中铺设电缆时，电缆应通过管道进行铺设，在正常情况下，可以直接铺设护套绝缘电线，但是不能直接铺设在天花板、墙壁和顶棚内。PVC 导线管材与普通金属管材相比，PVC 导线管材具有耐腐蚀、自重轻、卫生安全、节约能源、耐压强度高、改善居住环境、节约金属、安装方便、使用寿命长的优势。PVC 电线管和 PVC 波纹管是家庭电器中经常使用的产品。PVC 电线管一般可分为四类：普通聚氯乙烯（PVC）、硬聚氯乙烯（PVGU）、软聚氯乙烯（PVC-P）、氯化聚氯乙烯（PVC-C）。

### （二）PVC 电线管的性能

#### 1. PVC 电线管的分类

PVC 电线管按管型分为圆管、槽管和波形管。

按照管壁的厚度，PVC 电线管材可分为轻型、中型、重型三种。轻型—205，外径 16~50mm，主要用于挂顶；中型—305，外直径 6~50mm，可进行明或暗的安装；重型—305，16~50mm 的外径，主要应用在混凝土中。家庭电器的设计以轻、中型为主。

#### 2. PVC 电线管的壁厚

PVC 电线管公称外直径为 16mm、20mm、25mm、32mm、40mm。以下是各产品的厚度：

第一，16 外径的轻型厚度、中型厚度和重型厚度分别为 1.00（轻型容限偏差+0.15）、1.20（中型容限偏差+0.3）、1.6（重型容限偏差+0.3）。

第二，20 外径的中型和重型（无轻）的厚度是 1.25（中等容许偏差+0.3），1.8（重型容限偏差+0.3）。

第三，25 外径的中型和重型（无轻）的厚度为 1.50（中等容许偏差+0.3），1.9（重型容限偏差+0.3）。

第四，32 外径的轻型、中型和重型厚度分别为 1.40（轻型容许偏差+0.3）、

1.80（中等容限偏差+0.3）、2.4（重型容限偏差+0.3）。

第五，40的外径为轻型、中型和重型的厚度分别为1.80（轻型和中型允许偏差+0.3）、2.0（重型允许偏差+0.3）。

**（三）PVC电线管的质量特性**

高质量聚氯乙烯管材的特点如下所述。

（1）对PVC电线管材进行外观检查发现，质量好的产品具有良好的光泽和很大的油脂。内衬和外皮光滑，没有明显的空洞、裂缝和颜色不均匀等缺点，而且内部和外部都没有任何突起和其他的瑕疵，是优质的PVC导线。

（2）检查管道的壁厚（管道的厚度）。PVC管的壁厚应该是均匀的，并且要有一定的硬度，要用手去抓，才能把它压平。随着管材厚度的增加，管材的机械强度和耐火材料的耐火能力也随之提高（添加了更多的阻燃剂），钢管的内壁会出现脆裂、断裂等现象。

（3）用脚踢，用车轮碾压，都是平的，不会断，不会碎。

（4）管子的边缘要光滑，有良好的韧性，在弯折过程中不会引起管子的折痕和裂纹。质量差的聚氯乙烯线管材，其特点是：

①因为加入了大量的钙粉末（便宜的钙）而使其变色。

②无论是用脚踢还是用车轮碾压，都很容易打折。

③管壁非常薄。

④在弯折处易开裂。

**（四）PVC电线管的选用要点**

PVC电线管材不仅要符合某些力学上的规定，还要符合防火安全的规定，如耐压、耐化学性、耐腐蚀性、氧气含量、烟雾浓度等都要合格。

第一，查看聚氯乙烯电线管的外表面有没有厂家标识和防火标志，没有这两个标志的聚氯乙烯电线管不得使用。PVC电缆管材上方的文字要清楚，并在每一公尺处写上“PVC电工套管”、商标、认证、型号等字样，并注明厂家名称、商标或其他标识标志，如型号、外径、管道长度、性能标准编号等。PVC线缆上没有任何标志，那就是假冒伪劣产品，不适合使用。

第二，要选择与国内或工业相关的标准。通常情况下，PVC电线管材的标志应该标示出其产品的性能指标。我国现行PVC管材主要采用中华人民共和国公安部（以下简称公安部）行业标准、中华人民共和国住房和城乡建设部（以下简称住建部）标准和部分行业标准。优质的线材是按照国家规定生产的PVC管材，达到国家规定的要求，具有最大的防火安全性。其次是按照住建部规定生产的PVC电缆管材。品质次之的是PVC线材，采用当地的标准和公司的规范。一般家庭用户选择 PVC 管材，只要符合住建部的要求就行。如果是在建筑业中，PVC 管材必须符合国家强制性的工业规范。此外，对于具有防火要求的建筑或场所，PVC 电线缆是耐火建材的产物，其耐火等级也必须符合《建筑材料燃烧性能分级方法》中有关的防火等级。

第三，检查制造商一年或一年内的有效检测结果。国家法定检测单位为国家防火建材产品的质检中心。

第四，对 PVC 钢丝管材进行表面检查。选择内、外壁光滑，无明显气泡、裂纹、颜色不均，无明显的凹槽或其他缺陷，管口光滑，不会损伤电线、电缆绝缘层，材质优良的 PVC 电线管。相反，PVC 导线的品质要低一些。

第五，对电气机械性能与燃烧性能进行对比，其中包含抗压、抗冲击、抗弯折、抗弯曲、耐热、绝缘、氧指数、水平燃烧、烟气密度等级。一般情况下，管壁越薄越会降低材料的机械强度和耐火材料的耐火性（添加的阻燃剂数量多了，容易产生脆、开裂、断裂等现象），选择具有良好的耐火特性的聚氯乙烯电线管材，可以视其在使用场合的燃烧特性而定。

第六，选择优质、有信用的公司制造的商品。国内多家大型厂家均已获得 ISO 9000 及知名品牌认证，它们的产品品质更好，服务更佳，但由于配方的变化及节省费用等原因，导致产品的品质不稳定，或销售的产品品质远远低于送检产品。

## 二、电线的分类及选用

### （一）电线的分类

普通的导线有塑铜线、护套线、橡套线等。

根据家庭中常见的电线可以分为绝缘电线、耐热电线、屏蔽电线。

**1. 绝缘电线**

绝缘电线适用于普通电力及灯具，如 BLV-500-25 系列电线。

**2. 耐热电线**

耐热电线适用于高温环境，适用于供交流低于 500 V，直流低于 1000 V 的电工仪表、电信设备、电力和照明布线，如 BV-105。

**3. 屏蔽电线**

屏蔽电线适用于 250 V 以下的电器、仪表、通信电子设备和自动设备的屏蔽电线，如 RVP 的铜心塑胶绝缘电缆。

### （二）电线的型号

电线型号的含义如图 4-5 所示。

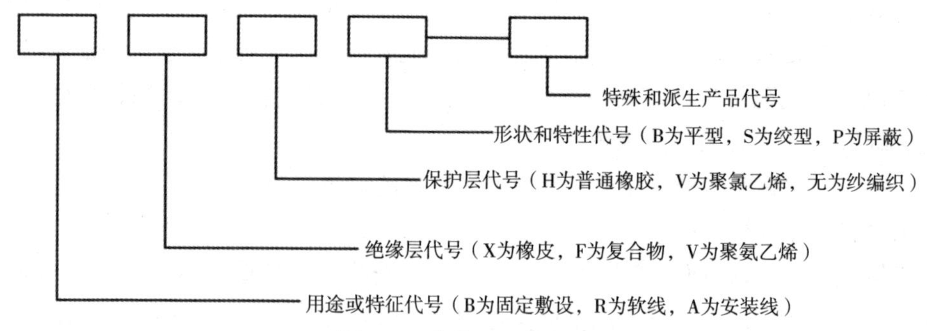


**图 4-5　电线型号的含义**

家居常用电线的型号如下所述。

**1. BV**

BV 采用铜芯 PVC 绝缘导线（一根铜芯线），其芯线坚硬，易于变形，在接合时易将开关螺丝漏出，使用不便。铜心 PVC 绝缘导线可在 70℃ 以下的温度下长期使用。

**2. BVR**

BVR 采用 PVC 软线（多股铜导线，数量少于 RV），其芯线杂质含量低，柔软度适中，易于穿线，主要应用在电力、日用电器、电气工程装配、仪器仪表、电信设备等领域。PVC 软线的铜心可在 70℃ 以下的温度下长期使用。

**3. RV**

RV 采用铜芯 PVC 绝缘软线（多股铜线），其芯线中的杂质含量极低，芯线柔软，在 450~750 V 及以下的电力、日用电器、仪器仪表和通信器材等场合均可使用。铜心 PVC 绝缘接头的软线可在 7℃ 以下的温度下长时间使用。

**（三）绝缘电线的选择**

在翻新老房子时，必须将原来的绝缘电线由铝线改为铜线，这是由于铝线容易被氧化，连接处容易着火，且据研究发现，铝线引发的电火花比铜导线高出数十倍。如果只是更换电源和插座，那么就存在很大的风险。

普通家用导线是一股铜芯线，为了便于穿线，也可以选择多股铜芯线。其截面面积为 $1mm^2$、$1.5mm^2$、$2.5mm^2$、$4mm^2$、$6mm^2$ 的铜导线最多能经受 5A 到 8A 的电流。通常在照明设备和开关线上使用 $1.5mm^2$ 的电线；通常 $2.5mm^2$ 的铜芯线用于插座线和部分支线，以及空调和电热水器，电路主线的专用线为 $4mm^2$ 的铜芯线。

电线选择的主要有以下几点内容。

第一，型号。电线的型号能体现出电线的材料及绝缘方法。

第二，截面面积。导线的选取是决定电线截面面积的重要因素，它的好坏将直接关系到导线的安全性和工程成本。

第三，电压。电线的绝缘电压值应大于或等于线路的额定电压值。

第四，在选用导线时应加以考量电线的机械强度。

**（四）电线颜色的选择**

《电气装置安装工程 1 kV 及以下配线工程施工及验收规范》中指出：在采用多相线配线时，应注意相线的颜色（黄色、绿色和红色），相线和零线的颜色应有所差异，PE 线应采用黄绿相交的绝缘电线；零线（中线 N）的绝缘电线应该是浅蓝色的，而在同一幢大楼的相线、零线、保护地线等，则要选用相同的颜色。

由于环境的制约和其他原因，住宅的电力建设通常必须按照下列的要求来选取电线。

第一，相线不允许使用黑色、白色或黄绿相间的电线，但黄色、绿色、红色中任意一种颜色都可选用。

第二，零线不得采用红色电线，可以采用黑色电线，无黑色电线时也可以采用白色电线。

第三，防护零线应使用黄绿相间的电线，如果没有这种颜色的电线，也可以使用黑色的电线。除了黄色、绿色和黑色外，防护零线不能使用其他颜色。

**（五）选择优质电线的方法**

第一，检查电线的使用情况，如 NSC 的产品质量证书（或 CCC 证书）；是否有厂名、地址、检验章、生产日期；电线上有没有标明商标、规格、电压等；有没有生产证明及特殊的产品品质标志。

第二，电线的外壳被包得很紧密，铜芯也很好地被包住，很难用手进行折叠。

第三，高品质的电线绝缘层，具有良好的光泽性和良好的韧度。

第四，铜心呈紫红色，柔软、有光泽，品相越高，品质越佳。

第五，观察电线的铜芯截面，看看导线的直径是否符合国家标准，优质的铜芯色泽光亮、柔和，铜芯黄中带红，说明使用的铜品质优良，优质导线的铜芯光亮而柔软，劣质铜则黄中发白色。

第六，检查各线圈的长度和重量，确保电线的重量符合国家标准。例如，具有 1.5$mm^2$ 截面的塑料绝缘的单股铜芯导线，其质量为 1.8～1.9kg/100m；2.5mm 的塑料隔离的单股铜芯导线，重量为 3～3.1kg/100m；一根 4.0$mm^2$ 的塑料绝缘的单股铜芯导线，重量为 4.4～4.6kg/100m。劣质电线或长度不符合标准，或铜导线中含有过量的杂质而导致重量不合格。

第七，检查电线的铜芯是否在绝缘层中间，切取一段就可以了，不居中就是技术不过关导致的偏芯；然后检查绝缘层的厚度是否一致及绝缘层的厚度和表面有没有气孔、疙瘩。

**（六）劣质电线的判断方法**

第一，绝缘层不平整，而且厚度比较大（采用可回收的塑胶材料，长期老化会导致漏电流），虽然看起来很粗，但实际上很薄，质量差的铜导线的截面面积要小于标称截面面积，如标称截面面积为 $6mm^2$ 的，实际只有 $4mm^2$，达不到要求的平方标准。

第二，绝缘皮包裹不结实，用手很轻易地就会被卷起来。劣等铜导线的许多隔热材质都是采用可循环利用的废旧塑胶制成的，它们色泽暗淡、厚度不一、字体模糊、黏稠度低、隔热性能差、易发生老化龟裂等问题。

第三，低档导线的铜芯是以可再生铜为原材料，因生产技术不成熟，铜芯线呈深紫色、偏黄白色，杂质较多、电阻率较高；相比其他导线，其导电性较低，力学性能较低，韧性较弱，并且经常发生断裂。

## 第三节　智能家居的强电布管、布线要求及施工

### 一、布线方式及定位

**（一）布线方式**

**1. 顶棚布线**

顶棚布线最重要的是在屋顶上铺设，这是最好的防护线路，也是最容易进行的。线缆埋设在室内的装饰性材料和顶棚内，无须加压，无须打孔，但布线迅速。

**2. 墙壁布线**

墙壁布线是通过墙体内部的线路，管道自身无须承受重量是其优势所在，管道背面的混凝土是其承载力。

**3. 地面布线**

地面布线，需要更好的金属管道，但这样做的弊端是，地面上的金属管道要承受住人和家具的重量，而不是像桥梁一样。管道本身就是混凝土的一部分，需要承受更大的压力。

**（二）定位**

第一，准确，全面，一次到位。

第二，厨房的布线位置应该完全参考柜子图纸，并与卫浴设施相配合，完成整个卫生间的定位。

第三，电视的插座和有关的位置，要根据电视机箱的高低和房主的各种型号来决定。

第四，在起居室中使用的灯具数目比较大，因此要咨询用户要不要实行分组控制。

第五，空调的位置要看是否为单相或三相。

第六，确认使用的热水器的特定型号。

第七，用彩色（不用红色）水笔书写时，文字要清晰醒目，写在不开槽的地方，水笔颜色要统一。

## 二、智能家居强电布线的开槽技术要求及操作技能

### （一）开槽技术要求

#### 1. 确定开槽路线

切缝路径的选择必须遵循下列基本原理：

（1）最小路径。

（2）不会损坏原来的电线管件。

（3）不会损坏防水原理。

#### 2. 确定开槽宽度

按电线的根数和规格确定 PVC 电线管的型号、规格和根数，然后确定槽的宽度。

#### 3. 确定开槽深度

若选择 16mm 的 PVC 管材，其沟槽深度应为 20mm；若选择 20mm 的 PVC 导线，其切口深度应为 25mm。

### （二）开槽工具及工艺流程

#### 1. 开槽工具与器材准备

开槽需要手锤、尖案子、电锤、切割机、开凿机、墨斗、卷尺、水平尺、平水管、铅笔、灰铲、灰桶、水桶、手套、防尘罩、风帽、垃圾袋等工具及器材。

#### 2. 开槽工艺流程

（1）弹线。首先要按照使用的用具和控制设备的位置，如开关、插座、灯具等位置，然后按照线路的方向来画出一条弹线。按照指定线路选定的导线和导线，确定沟道的宽度和深度，沟道应垂直，强电与弱电之间的开槽间距应为

2500 mm。

（2）开槽。开槽时可以使用凿子进行开凿，也可以使用凿岩机、凿岩机、电锤进行开凿。首先用切割机、开槽机切割到一定厚度，其次用电锤子或手工锤锤击到一定的深度，再在槽沿上进行凿毛。沟槽的宽度要均匀，通常沟槽的深度是+10 mm 的 PVC 电缆。

（3）清理。检查所开线槽完成后，要立即进行清洗，并喷洒喷淋以防止灰尘。

**（三）开槽相关标准和要求**

第一，按照位置和路线来弹出墨线后，用切割机将弹痕两侧切开，切口的宽度要与管道的尺寸相适应，否则会对墙壁产生一定的压力，所以不能有横向切口。

第二，在开槽时，尽可能地不对墙面产生冲击，避免导致空鼓，从而排除安全隐患。

第三，在人工挖槽时，工作人员应沿着沟道方向凿掉砂浆和砖块的边角处，以形成沟槽，为了防止沟槽开裂，采用多个斜凿法进行深度加工。在混凝土构造部分，应按 PVC 电缆管道埋入的尺寸来确定切口深度，不宜太深，否则会切割结构层梁，使结构层的强度降低。

第四，为了便于电缆管道的安装，在开沟处要把内侧切口剪掉。

第五，线路的宽度尽量要相同。

第六，用冲击钻在槽底部打洞，使木头能打进钻出的这个洞，并把金属管子紧固，使其顶端与槽底平齐。

不正规的开槽一般都在墙壁上开槽，而不是用切割机（也不需要打丝），直接在墙壁上开槽，这种方法很可能会引起墙壁的松软和凹陷，从而增大凹槽的破坏程度，增大了封槽的困难。

## 三、智能家居强电布线预埋底盒的要求及操作技能

### （一）底盒预埋工具及工艺流程

#### 1. 工具与器材的准备

卷尺、水平尺、平水管、铅笔、钢丝钳、小平头烫子、灰铲、灰桶、水桶、手套、底盒、锁扣、水泥、砂子等。

#### 2. 工艺流程

弹线、定位→底盒安装前的处理→湿水→底盒的稳固→清理。

（1）弹线、定位。根据开关高度，在固定底座的各个墙壁上弹出一条水平的线，当插座和开关的高度被确定时，以此为参考。按照图纸上的开关、插座的具体安装方法，通过以下的步骤进行安装。

第一个步骤：画框线。按照设计图所示，在墙壁上绘制一个预先埋设的盒子，并比对其尺寸（周围扩大2~3 mm）绘制框线（两个安装孔必须是水平的）。

第二个步骤：凿框线。用扁口凿在框线上竖直开槽，再从框里到框外侧斜刻，重复进行，不能使框线断裂。

第三个步骤：凿穴孔。将框架中的剩余部分挖掉，直到其厚度稍大于底部盒子的高度，不要太深或太浅。

第四个步骤：对穴孔进行修剪。将穴口周围及底部挖平，洞内的孔径要比底部盒的形状大，使其能正确放置在底盒内。安装在护壁板上的底盒，开口必须接近墙面，以方便安装。

（2）底盒安装前的处理。敲掉相应的打孔洞，安装锁销；必须用一张纸把箱底的洞填上；将基箱放正，将线槽调齐，将安装表面稍微突出砖墙表面，在油漆表面3~5 mm处。

（3）湿水。将基箱上的洞口用清水浸湿，并清除洞口内的杂质。

（4）底盒的稳固。用1∶3的水泥砂浆把基箱固定在穴孔内，保证它的平直和与墙壁平行，不能有凹凸不平的现象出现。在调整好位置后，在底部箱体四周填充水泥，以保证在混凝土充分干燥后铺设管道。

（5）清理。及时将刚稳固的底盒和锁扣里的水泥砂浆清理干净。

**（二）底盒安装的相关标准和要求**

第一，开关底座与地板之间的距离应为1.2~1.4m，侧面距门套线应至少为70mm，与入口处应相距150~200mm，不可将该开关放置在一扇门后，且该开关与地板的距离应不超过1 mm，应根据客户的需求，将特定的开关（如床上的开关），在同一楼层间的高度偏差应小于5 mm。开关插座应采用特殊的底盒，周围不得留有缝隙，盖板应端正牢固。

第二，开关表面必须平整、方正，不能突出墙面。底盒装好之后，一定要用钉子或水泥浆把它粘到墙上。

第三，要尽可能将底盒安装在瓷砖正中，而不要安装在腰部或花砖上。

第四，平行装配的基箱和底部箱应该有空隙，通常为4~5 mm。底盒应与水平方向一致，而在同一间屋子里的底盒应保持在同一水平线上。

第五，要避免安装在墙面上的开关，插座的底盒必须安装的话，尽可能安装在不明显的位置。避免在混凝土部件上安装底箱，如果在必须安装的位置碰到了钢筋，那么标准箱将无法安装，就需要将底盒切割开一段或者直接安装。

第六，如果底盒安装在石膏板上，需要用2个20~40mm的木方把它固定在框架上。

第七，在安装接地箱前，底盒口要比毛地坪高1.5~2cm，这样在后期安装时可以根据接地插孔自身调整裕度来平整地板。

第八，调整基箱的位置，首先要把基箱固定好，再把管子放进去。

#### （三）底盒安装的常见缺陷

底盒的高度不统一，盒底的开孔不均匀；安装时，电器、灯具、开关、插座没有清理底盒污垢，导致预先埋设的底盒有倾斜；底盒有凹陷、凸出墙面的情况；底盒破裂；座标超过容许的误差。

产生的原因：在安装底盒时，没有按照建筑工程中的标准水平来确定标准高度；在工程中，没有考虑底盒电线管的数目和方向；在安装电器、灯具、开关、插座时，未将残留的污垢及灰尘清理干净。

针对以上问题，应采用以下方法进行施工。

第一，在决定基箱标高时，要严格依照室内地板的高度来进行；对预先埋设的底盒，要用线坠把它们对准，确定好位置，然后把它们重新安装好；下箱口要与墙壁平行，不能有不平整的墙壁出现。

第二，在底盒周围用水泥砂浆填充，底盒的封口要平滑。

第三，在穿线之前，应将底盒中的灰尘清理掉，以确保底盒内部清洁。

第四，在电线穿过后，把底盒暂时用底盒盖板封住，底盒盖的周围要比开关柜或灯具基座小。

### 四、智能家居强电布管的技术要求及操作技能

#### （一）布管技术要求

在住宅建筑工程中，不得将塑料绝缘导线埋入混凝土或石灰粉中进行隐蔽线路铺设。由于埋入了水泥或石灰粉，容易使导线的绝缘受到破坏，从而导致大规模的漏电流，从而危害人们的生命。家用电器线路必须使用PVC硬材料。

在室内或有酸、碱等腐蚀环境下使用PVC软管作导线防护，（温度不宜高于40℃或容易受到机械冲击、碰撞摩擦等），而硬防火PVC电线也可用于水泥建筑或砖石建筑的暗埋管道（严禁在高温区域或天花板敷设）。

所选用的阻燃聚氯乙烯导线管材应具有阻燃、抗冲击性能，并应具有检测报

告及产品出厂合格证明。在其外墙上应该有间隔不超过1米的耐火标志和生产厂家标识。钢管内外表面要平整，无凸起、凹陷、针孔、气泡等，内外直径要按国家标准要求，且钢管的壁厚要均匀。所用的阻燃聚氯乙烯导线管配件，如灯头盒、开关盒、底盒、插座盒、管箍等，均采用阻燃性塑胶产品。胶水应采用符合防火PVC导线的制品，并且在规定的有效期之内使用。

在家庭电器工程中，在采用聚氯乙烯管材之前，必须仔细地进行检验，确保PVC管材不能被压扁、开裂，管中没有任何杂物，切割切口要平滑，并把管口刮得干干净净。聚氯乙烯线管的接头要用胶水进行黏结，并将PVC导线插头塞上，以阻止杂质渗入；在布管时，要尽可能地减小转向，沿着最短路径，每个导线管的拐弯不得多于3个，直角弯曲不得多于2个。管道达到某一长度时，必须加装底盒，底盒的安装位置要易于穿线。

**（二）管径的选择**

电线管管径应以导线的截面为基准，其中导线的截面（含绝缘）不得超过管内截面的40%。表4-1是在PVC导线上使用BV塑料铜导线时的管径选择。尽管同规格的PVC导线管件的产品编号因厂家而异，但其外径及壁厚却大致一致。

**表4-1 BV塑铜线穿PVC电线管时的管径选择**

| 管径/mm | | 电线截面面积/mm² | | | | | |
|---|---|---|---|---|---|---|---|
| | | 1 | 1.5 | 2.5 | 4 | 6 | 10 |
| 电线根数 | 2 | 16 | 16 | 16 | 16 | 16 | 20 |
| | 3 | 16 | 16 | 16 | 16 | 16 | 25 |
| | 4 | 16 | 16 | 16 | 20 | 20 | 25 |
| | 5 | 16 | 16 | 16 | 20 | 20 | 32 |
| | 6 | 16 | 16 | 20 | 20 | 25 | 32 |
| | 7 | 16 | 16 | 20 | 20 | 25 | 32 |
| | 8 | 16 | 20 | 20 | 25 | 25 | 32 |
| | 9 | 16 | 20 | 20 | 25 | 25 | 40 |
| | 10 | 16 | 20 | 20 | 25 | 32 | 40 |
| | 11 | 16 | 20 | 20 | 25 | 32 | 40 |
| | 12 | 16 | 20 | 20 | 25 | 32 | 40 |

### （三）布管工具和工艺流程

#### 1. 布管工具

需要配备的布管器具包括钢丝钳、电工刀（壁纸刀）、弯管器、剪刀、手锤、线卡、电线管、黄蜡套管、梯子等。

#### 2. 工艺流程

（1）加工管弯。预制管弯可以通过冷成型和热挤压成型。耐火电缆管道敷设和弯曲时，对周围的温度的要求是：在原料允许的环境气温下进行敷设、安装和弯曲制作，并在-15℃以下进行。

（2）布管。使用特殊的剪子可以切断电线管，也可以使用钢锯。聚氯乙烯线钢管厂家供应的剪子能裁断16~40mm的导线。用剪刀切断电线管时，首先将把手拧开，将线杆插入刀口处，抓住把手，用棘齿固定；在把手上放松后，再次抓牢，直至将电线管剪掉。使用特殊的剪子将管子的管子切口平滑，如使用钢锯片，在进行下一步加工前，必须先对焊缝进行表面抛光。在墙面上严禁暗管交叉，严禁没有底盒跳槽，严禁走斜槽。在安装管道时，如果在相同的沟道中有2根以上的导线，那么管道与管道的间隙应不少于15mm。

（3）固定。当布管完成后，用线卡把它绑紧。

（4）接头。管与管、管与箱（盒）连接时应符合下列条件。

在管道和管道之间使用的是套管，其长度应该是管道直径的1.5~3倍，管道和管道之间的对接应该在套管的中央。

当管道与设备相结合时，其插深应为2cm，当管道与底盒相连时，应在管口套上锁扣。

底盒和箱体的孔洞要整齐划一，并井然有序地放入配电箱、接线箱中的电线管，一管一洞，插在与管外径相符的打钉孔中，电线管要与盒箱壁面垂直，然后在箱内部的管子末端用锁扣紧固。

（5）整理。电线管口、接头处要进行密合，沟槽中的电线管与沟壁之间的距离不得小于15mm。在将电线管和盒子的接头后，盒子应该是端正的、牢固的。

#### 3. PVC电线管的保护

PVC电线管道在地面铺设完成后，要将木方放在PVC管道的两边，或者用水泥浆做防护，以免工人在工作中行走时，会把PVC电线管压坏。

#### 4. PVC电线管敷设常见的缺陷

PVC电线管敷设常见的缺陷有：接缝不紧密；有杂物阻塞聚氯乙烯电线管、箱盒；PVC导线管弯曲的部位有扁、凹、裂等现象；PVC导线在沟道中的紧固不牢；PVC 导线管道与沟壁之间的净间距不超过 15mm。

缺陷原因：接口处未加套造成接口不严；PVC 导线管的接缝过小且没有使用黏合剂；PVC 电线管弯曲时没有受热或受热不匀，导致 PVC 电线管出现扁、凹、裂等现象；PVC 线管在固定时，线夹长度偏大，沟槽不能达到规定的厚度，或者管道直径太大。

预防处理措施如下所述。

(1) 采购 PVC 电线管时，需购买配套配件，并配有各种规格的冷弯弹簧，供披弯时选用。

(2) 请务必使用带黏合剂的接头将管子和管子连在一起，使用带黏合剂螺接将管子和盒子连接起来。

(3) 撼弯时，采用与管直径相适应的冷弯弹簧，在需要时对弯曲部位进行局部均匀的加温，并将其按要求进行弯曲，以减少出现扁、凹、裂等现象。

(4) 尽可能使用全管材，远端 PVC 导线；若要将聚氯乙烯管材连接，应使用接头，并用胶水将其与管道进行加固。

(5) 按照规定的间隔，采用线卡固定 PVC 电线管，按照规格选用 PVC 电线管的直径，并按照管材直径进行开槽。

## 五、智能家居强电布线封槽的要求及操作技能

### （一）封槽工具及工艺流程

#### 1. 封槽工具及材料

封槽工具及材料有水平头烫子、木烫子、灰桶、灰铲、水泥、中砂、细砂、801 胶等。

#### 2. 封槽工艺流程

(1) 调制水泥砂浆。调制封槽用的水泥砂浆，调制配比为 1∶3（水泥∶砂）。

(2) 湿水。墙体、地面开槽处用水将封槽处湿透。

(3) 封槽。用烫子将调制好的水泥砂浆补到开槽处。

### （二）规范封槽操作技能

第一，在补槽之前，检查电气图纸，确认管道布线正确，与业主进行暗箱检查，并请业主签字确认。

第二，在补槽前，检查电缆管件是否安装牢靠，并确保电缆管的稳定。

第三，在补槽前，向槽中注入一定数量的水分，并用水浸透沟槽，使其充分被沟槽中的构造层吸附。

第四，在修补墙体上的沟槽时，应先用水泥灰浆把沟道抹平整，然后用搓板擦光。

第五，顶棚的补槽，用801胶黏剂和水泥，并加入30%的细砂进行修补。

第六，修补沟槽不能突出墙壁或比墙壁低1~2mm，填缝时要比原来的混凝土稍低一些，然后再加入石膏粉来平整（砂浆中含有水分，在蒸发时会出现收缩，用石膏粉抹平整可以防止线槽断裂）。宽度为10cm的槽要用铁丝网进行固定。

封槽的不合理主要是因为在封槽的时候没有用水，而是用水泥砂浆封住（因为水泥的固化需要一段时间，如果没有水的话，水泥还没有固化，就会被里面的材料吸收掉，造成水泥的强度不够，容易开裂、松动，或者掉落），而在封槽的时候，没有注意到凹槽表面的收光性（没有用搓板机擦洗），造成凹槽表面凹凸不平，从而对以后的墙壁修补造成困难。

## 第四节　家居电气设计的基本原则

### 一、家居配电线路设计的基本原则

家居配电线路的基本原理如下所述。

第一，照明灯具、普通插座、大容量电器插座的电路，都要分开。如果插座回路上的电器发生了问题，只有这一环停电，不会对照明回路造成任何的干扰，从而方便了对电路的维修。

对于大功率的家电，如空调、电热水器、微波炉等，应在一件电器上安装一条回路。通过合理增大大电流回路的线路截面，可以有效地减少线路中的电力损失。

第二，照明被分为几个回路。可根据室内布置的不同，将室内的灯光划分为若干回路，当某个回路发生灯光问题时，其他回路的灯光也不会受到干扰。

第三，电力系统的用电量应与其额定负载保持一致。在进行电力系统的设计和建造之前，要先咨询物业部门，确定房屋的用电量负荷总量，不要超出其能承受的电力总量。

### 二、家居电气配置的一般要求

家庭电气配置的总体需求如下所述。

第一，每个家庭的入户都要安装嵌墙的家庭电源柜。家庭配电柜应有一个主电源，它可以在同一时间内断开相线和中线，并带有一个断开的标记。每个家庭都要安装一台电能表，电能表箱要按集中分层隐蔽的方式安装在公用的地方。

家用配电箱中的主电源开关应该选用两极开关，其功率大小不宜过大或过小；应防止与分开关一起跳闸。

第二，家居电器开关插座的配置必须符合需求，并为今后家用电器的发展留出充足的插座。

第三，插座回路应加装漏电流防护。电源插口的负载主要为可供使用的便携式设备（吸尘器、打蜡机、落地或台面电扇）或电冰箱、微波炉、电加热淋浴、和洗衣机等。如果电线损坏，特别是在使用可移动的电气装置上，或者用手触摸到电气装置的带电外壳时，会产生被电击的风险。

第四，室内安装人造灯光。露台安装灯光可以改善室内的环境，便于操作，尤其是在密闭的露台上安装灯光非常重要。露台照明线路宜采用管道埋设。若房屋建造时没有预先埋设，应采用围护导线进行明敷。

第五，居民房屋必须安装有线电视系统，其设施和电缆必须符合有线电视网的规定。

第六，每个家庭的电话机输入线路不得低于 2 对，并且必须有一对连接到电脑桌边，以保证网络的正常运行。

第七，使用绝缘胶管，暗敷电源、电话和电视线路；使用钢管来进行对手机、电视机等的弱电线路的防护。

第八，电气线路按安全、耐火的原则进行布线，电气线路宜选用铜丝。

第九，从电源表盒到家庭配电柜的铜导线截面不得小于 $10mm^2$，家庭用电器柜内的灯管和空调线路的铜丝截面不得小于 $2.5mm^2$，空调线路的铜丝截面不得小于 $4mm^2$。

第十，避雷线与电力设备的防护接地线分开布置。

## 三、家居电气配置设计方案

### （一）家庭配电箱的设计思路

因为不同家庭的用电状况和线路的不同，所以不能有固定的配电箱，必须按照用户的需求来设计。一般照明、插座、大功率空调或家电均为一个回路，而一般容量的壁挂型空调则可采用两个或一个回路。厨房、空调器（不管容积多少）都要各占一条回路，有些线路应该设置漏电保护。家庭配电箱通常有 6、7、10 个回路（由于箱型较大，可以增加更多回路），因此在选择配电柜时，应考虑到住宅、用电器的功率、线路等因素，以及控制总容量在电能表的最大容量之内（目前，家庭用电表通常是 10~40 A）。

**（二）家庭总开关容量的设计计算**

住宅的总开关要按特定的用电设备的总功率进行选择，并且该电源的总电源的功率是各个电源功率之和的 0.8 倍，即总功率为：

$$P_{t\phi}=(P_1+P_2+P_3+\cdots+P_n)\times 0.8\ (\mathrm{kW})$$

总开关承受的电流应为：

$$I_{总}=P_{总}\times 4.5\ (\mathrm{A})$$

式中：$P_{总}$ 为总功率（容量）；

$P_1$，$P_2$，$P_3$，…，$P_n$ 为各分路功率；

$I_{总}$ 为总电流。

**（三）分路开关的设计**

分路开关的承受电流为：

$$I_{分}=0.8P_{分}\times 4.5\ (\mathrm{A})$$

空调器回路要考虑到启动电流，因此其开关容量为：

$$I_{空调器}=(0.8P_n\times 4.5)\times 3\ (\mathrm{A})$$

按照家庭区域的大小来进行分类。通常，对低于 1.5 kW 的分回线进行选择，个别用 1 kW 功率的电器或更多的推荐采用一分回路（如空调器、电热水器、取暖器等）。

**（四）导线截面面积的设计计算**

普通铜丝的安全载流量为 $5\sim 8\mathrm{A/mm^2}$，如果是 $2.5\mathrm{mm^2}$BW 的，建议的安全载流量为 $2.5\mathrm{mm^2}\times 8\mathrm{A/mm^2}=20$（A），$4\mathrm{mm^2}$BW 的铜丝的安全载流为 $4\mathrm{mm^2}\times 8\mathrm{A/mm^2}=32$（A）。

由于电线在长时间的运行中会受到多种不稳定的影响，通常采用下面的经验公式来估计。

根据国外相关法规，家用线路采用铜芯线，铜芯线的截面面积尽可能大。如果截面太短，会使电线的温度升高，使外层的绝缘层加速衰老，从而容易发生短路和接地故障。

**（五）插座回路的设计**

第一，家庭空调电源插座、普通电源插座、电热水器电源插座、厨房电源插座、厕所电源插座和卫生间电源插座应该分回路安装。

第二，电源插座回路必须具有过载保护、短路保护和过电压、欠电压或具有多个特性的低电压开关和漏电流保护装置，其保护装置宜在相线与中性线之间进行，不宜使用熔断器。

第三，在空调器电源插座回路中，不能有 2 个以上的插座。柜式空调器必须有单独回路供电。

第四，厕所应该进行局部辅助等电位连接。

第五，当厨房距离厕所较近时，可以在其旁边设置配电箱，为厨、浴室的回路提供电力，这样就能降低家庭配电柜的回路，降低回路的交叉，增加供电的可靠性。

第六，由配电箱引出的电源插座分支回路，其导线截面面积须为 2.5mm$^2$ 以上的铜芯塑料线。

**（六）家居配电电路设计**

电气设备的布线，配置开关和电源插座是其重要组成部分。在装饰装修后，按照装饰图纸中的电器布置，进行电气的设计。

配电室 ALC2 设在楼层的配电室里，配电室设在楼梯的另一侧。从配电盒 ALC2 右侧引出来的导线，连接在室内墙壁处的配电盒 AH3 中。

第一，WL1 回路是一条室内照明回路，布线以 BV-3×2.5SC15-WC.CC 为标准，通过 3 条 2.5mm$^2$ 的铜芯电线，通过直径为 15mm 的钢管，并在墙体内部和地面上铺设（WC.CC）。在灯具内加装 PE 保护线，以保证电力使用的安全性。如装有铁壳的照明设备，必须对其进行接零保护。

第二，WL2 回路是一种浴霸电源回路，电线采用 BV-3×4-SC20-WC.CC，3 条4mm$^2$ 口径的铜芯电线在墙体内部和地板内部（WC.CC）之间通过 20mm 的钢管。WL2 回路位于配电箱正中央，至洗手间，连接浴室内部的浴室-2000W 吸管。浴室里的开关是单控五联开关，电灯开关由 6 条导线连接，浴室里有 4 盏加热用的灯泡和 1 盏照明灯泡，分别由一台开关来进行操作。

第三，WL3 回路是常规的插座回路，布线以 BV-3×4-SC20-WC.CC 为标准，通过 3 条 4mm$^2$ 的铜芯电线，通过 20mm 的钢管，在墙体内部和地面上进行隐蔽铺设（WC.CC）。WL3 线路由配电盒的左下方开始，与客厅及卧室的 7 个插口相连，都是单相双联插座，客厅有 4 个插头，通过墙壁进入卧室，并设有 3 个插座。

第四，WL4 回路是一个与 WL3 环同样的通用插座回路。WIA 回路从配电箱顶开始，通过前台电源，进入右侧的卧室。

第五，WL5 环路是厕所用电插头，其布线方式与 WL3 电路基本一致。WL5 回路位于 WL3 回路上方，与浴室中 3 个插口相连，都是单相单联三孔插座，这里的插口未用黑色处理，说明是不透光的。在这两种电源中，第 2 种电源为带有切换功能的电源，而第 3 种电源也是通过切换来实现的。

第六，WL6 回路采用了与 WL3 回路同样的供电方式。WL6 回路从配电盒的右上方开始，厨房内有 3 个电源插口，其中第一个和第三个插座是单相单联三孔插座，而另一个则是单相双联，都采用了不透水的插口。

第七，WL7 回路为空调插座回环路，其布线方式与 WL3 电路的布线方式一致。WL7 电路从配电箱的右下方开始，连接到客厅的右下方的一个单相单联三孔插座。

第八，WL8 回路与 WL3 回路是同样的线路铺设方式。WL8 电路从配电盒的右边中部到右边，与上方卧室右上方的单相单联三孔插座相连，再回到左侧墙壁，沿着墙壁到楼下卧室的左侧角落处的一个单相三孔插座。

## 第五节　智能家居开关、电源插座安装要求及接线

### 一、智能家居开关、插座安装准备及要求

#### （一）开关、插座安装准备

**1. 施工准备**

第一，开关、插座必须符合设计要求，并有相应的产品证书。

第二，要备齐金属膨胀螺栓、塑料胀管、镀锌木螺丝、镀锌机螺丝、木砖等其他材质。

第三，要备好铅笔、卷尺、水平尺、线坠、绝缘手套、工具袋、高凳、手锤、錾子、剥线钳、尖嘴钳、扎锥、丝锥、套管、电钻、冲击钻、钻头、射钉枪、钢丝钳、十字起、一字起、试电笔、绝缘布胶带、防水胶带、电工刀（壁刀）等工具。

**2. 作业条件**

第一，管道铺设完成，底盒也安装完成。

第二，导线全部贯通，并完成绝缘遥测。

第三，做好了墙泥、油漆和壁布等室内装修工作。

#### （二）开关、插座安装要求

第一，安装开关的面板应端正严密，与墙壁平行。

第二，该转换器的安装位置应该与该灯的位置相符，并且该房间的开关的方向应该是相同的。

第三，开关插座的高度应均匀，同时高低相差不应超过 2mm，每列安装的板

间距不得超过 1mm。

第四，各种开关插座要牢固地固定，位置要精确，高度要均匀。

开、关的地方要相同，在板上有一个指示灯，有一个红色的按钮应该是向上安装的，“ON”是一个打开的符号，如果没有这些标志，则在安装时，应保证开关往上扳是电路接通，往下是切断电路，如图 4-6 所示，不允许横装开关。

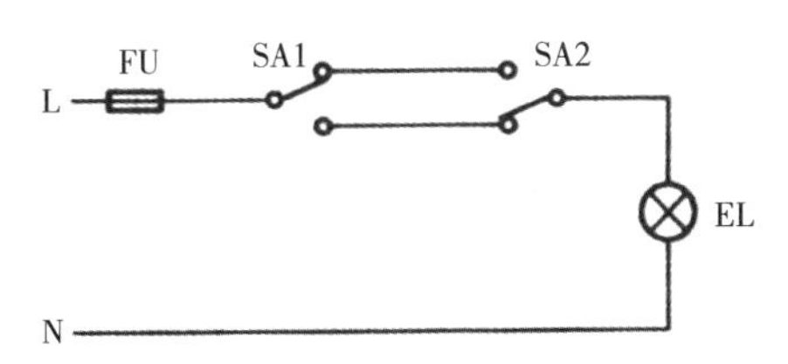


图 4-6　两只双联开关控制一盏白炽灯的接线原理

**（三）开关面板、插座的选择要求**

应该根据家庭的总体设计来选用开关插座面板。其中包括新西式、欧式传统（包括田园式、欧陆式）、中国传统式的家居装饰。同一建筑物或构筑物中，使用同一系列的产品时，其开关必须具有一定的灵活性，并能可靠地进行连接；面板的大小要符合预先埋入的端子箱的大小；开关及插座表面光亮，具有显著的品牌标识、防伪标志及长城标志，并经国家电气公司认可；开关触感灵敏，插座铜片应具有足够的厚度和弹力；该板的材质应该是防火的，而且要结实。

插口有许多种，有两孔、三孔、圆插头、扁插头、方插头的，有 10A、16A 的，有中国、美国、英国标准的，有带开关、熔丝、安全门、指示灯、防潮的，有 86mm×86mm、80mm×123mm 等尺寸。选用符合国家规定的型号，但对于特定使用者，应选用符合电器电流、插头及与接线盒规格相匹配的插座面板。

在潮湿的地方，如洗手间，应该使用一个具有很好的防水和防止溅射功能的插座。

## 二、智能家居开关、插座的安装及接线

清理→接线→安装→固定式开关、插座安装接线的工艺流程。

**（一）清理**

将预先埋入底盒的残留灰渣用凿子轻轻地刮去，然后将所有的杂物都清理出箱体，用湿巾擦拭底部箱体的污垢。

**（二）接线的一般规定**

在相同的地点，必须保证开关断路的位置相同，操作灵活，接触点接触可靠。

需要开关控制电器，灯具的相线。

不能有多个拱头连接多联开关，必须先使用 LC 型的压接盖，然后才能进行分支连接。

在进行连接时，首先是相线，其次是控制线，最后是相线，零线，地线。

当连接多联开关时，必须有一个逻辑标准，或是根据灯光方向的先后次序，逐层递进。

把预先埋入底盒内的导线预留出修理的长度，切出线芯，小心别碰到线芯，把电线绕到开关和插座对应的接线柱上，再拧紧。对于独芯导线，也可以将电源线直接插进电源槽中，然后用顶丝压紧，不得外露线芯，把开关或插座放入底盒（底盒深度超过 2.5cm 时，应加装套盒），开关或插座面板的安装孔对正底盒耳孔，用螺丝将面板固定在墙壁。

安装开关、插座必须牢固，位置准确，表面保持干净，贴近墙壁，四壁不留空隙，插座和开关插座的位置要在一个屋子保持水平，接地插座板要与地板平行或贴近地板，盖要牢固，密封性好。

应使各开关串连在相线，而零导线不可与开关串接。两个双联开关分别用于控制一盏白炽灯，其线路的工作原理见图 4-6。三控开关的工作原理及线路示意图见图 4-7。

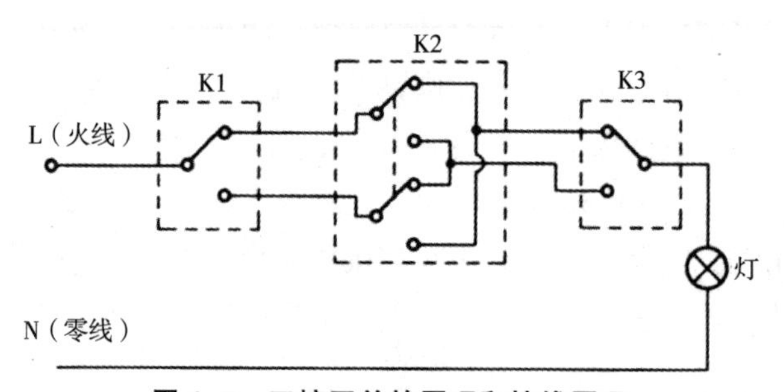


**图 4-7　三控开关的原理和接线原理**

面向插座面板，左边是零线，右边是火线。确定火线、零线和地线的颜色，不能混淆颜色。

当进行接线时，电源相线连接于静触点接线柱，而动触点接线柱则连接于灯具导线。双联开关有三根接线柱，两根接线柱分别连接两根静触点，另一根连接动触点。该双控开关的极（动触点）与电力供应器 L 线路相连，而其他开关的共用桩则与电灯底座的一端相连，而电灯插座的另一端则要与电源 N 线相连，并由两根导线将其与静触点接线柱相连。

有横装和竖装两种单相两孔插座。在横向安装时，与插座的右极接相线相对，而左侧电极与中性线相接；竖直安装时，与插座上极接相线相对，而下极与中性线相接。在上部孔上连接有三孔、三相四孔和三相五孔插孔的 PE 或 PEN 线。插座的接地端没有与零线接线柱相连。三相插座在相同地点的相位顺序是相同的。当多个插座的导线连在一起时，不能使用供头连接，必须先将 LC 型的压接帽盖在接头上，然后才能连接分支线。在插座之间不能串联接地（PE）线或接零（PEN）线。开关插座安装完毕后，应进行通电测试，开关的通断设定应保持相同，使用时应具有良好的接触性；左零，右火，不能有错接或漏接；三联开关应该设置正确和保持稳定；电灯的接通状态良好。

开关、插座面板的安装工序是：在墙壁完成之后，再安装开关、插座面板；开关、插座面板与基箱的紧固、平坦；开关、插座面板应水平放置；开关、插座面板与墙壁的四壁紧密连接；开关、插座面板在使用过程中必须佩戴防护手套，以免影响墙壁。开关、插座面板规范安装：安装开关，插座面板安装在没有安装的墙壁上；在施工期间，仅靠目视进行，不得使用水平工具进行辅助；如果没有做好防护，就会造成墙体受到污染。

# 第六节　智能家居照明灯具的安装操作

## 一、室内照明灯具的安装步骤

房顶和墙面喷浆、油漆或壁纸等已基本完工，然后进行地板清洁。室内照明装置按以下程序进行。

第一，灯具验收。

第二，穿管电线的绝缘检测。

第三，安装螺栓、吊杆等预埋件。

第四，灯具组装。

第五，灯具安装。

第六，灯具接线。

第七，试灯。

## 二、荧光灯的安装

首先，在灯座上安装电子镇流器、灯座和灯管是荧光灯的安装方式。其次，电子镇流器不要随便使用，要根据电源电压和灯管功率来选择电子镇流器。将端头与导线的接合用螺丝拧牢，并应避免裸露的金属线圈相互接触（可能产生短路）。与镇流器相连接的导线可以用陶瓷接头或直接式接头，但是要把绝缘层还原好。在连接好后，要根据线路图解进行检验，避免发生错误的连接和泄漏。按照白炽灯的安装方式来连接这些电路板。

## 三、吸顶灯的安装

可以将吸顶灯直接装在天花板上，其安装简便、简约大气的风格给人一种清新明亮的感受。吸顶灯有方罩吸顶灯、圆球吸顶灯、半圆球吸顶灯、半扁球吸顶灯、小长方罩吸顶灯等。

第一，打孔和安装挂板。可以用电锤在钢筋水泥地面上凿出一个洞，然后用膨胀螺栓将吊牌紧固起来。在安装吊盘时，用木螺丝将扩张螺栓旋入，切勿将一侧完全定位，否则会造成另一侧的孔洞位置不对。正确的做法是将一侧大致地调整到不会有偏差，再将另一侧的紧固，接着两边要同时和轮流进行。

第二，将包装袋打开，将吸顶板上的一根电线拔出来。

第三，在电源杆上接 220 V 相线（从该交换机引出）及零线，并与照明设备的引出导线相连。有些吸顶灯在吸顶板上不设端子，可以把电源和灯管的出线相连，用黄色的蜡纸条包裹，再加上黑色胶，把接头插入吸顶盘中。

第四，把吸顶圆孔与悬挂板螺丝对齐，把吸顶板和灯架紧固到天花板上。

第五，按照使用说明顺序安装灯饰的附件和装饰。

第六，将电灯泡插进去或者装上电灯（在这个时候，你可以试试它的电灯能否亮起来）。

第七，把灯罩盖好。

如果在厨房、卫生间的吊顶上装上嵌入式吸顶灯，首先要在固定的地方打一个洞，然后把电源线引入吊顶，接着在吊顶上装上一个三角形的插槽（一般三角形的有两种，一种是内翻边龙骨，另一种是外翻边龙骨，比较起来，内翻边龙骨的优点是比较明显的）。将三角形的龙骨上部与钢索相连，下部与灯饰的支架相连，如此不仅可以确保安装时的定位精确，而且可以使用弹性夹钳将吸顶板紧固。把吸顶灯和天花板的连接点进行适当的调整，通常用吸顶灯的边沿覆盖在天花板上，以免破坏外观。

## 四、组合吊灯的安装

由于组合灯比较重，所以要在地面上预先埋设挂钩，将过渡器固定在挂钩上，再进行装配。若照明设备体积小、质量不高，则使用吊杆式伸缩螺钉将其紧固。需注意，一个伸缩螺栓的理论质量不能超过 8kg，因此 20kg 的组合灯具至少要使用3个。在此期间，接线盒要紧固。

因为安装的吊灯所需的附件较多，因此通常在地上装。可以用更大的布料或纸包裹，以免损坏照明设备。

按以下程序进行组装。

第一，弯管穿线。

第二，将灯杯和灯头连接起来。

第三，直接穿过电源线。

第四，将灯杯、灯头的弯曲管道（几根）与直管道相连。

第五，安装灯鼓。

第六，组装好吸顶盘。

第七，要把灯罩盖上。

## 五、嵌入式筒灯的安装

嵌入式筒灯的最大特色在于能使建筑物的整体协调和完美无缺，而灯光的布置又不会影响到天花板的艺术协调。在没有顶部或顶部的灯具时，采用的是圆筒式灯具，其亮度要比射光灯要温和。一般来说，圆筒灯管可以安装白炽灯或节能灯。

灯泡的尺寸有大、中、小三种。平底和垂直是圆筒灯管的两种，其中平底圆筒灯管的造价要略高于垂直圆筒灯管。普通家用圆筒灯具最多不能大于2.5in，安装5W节能灯即可。

## 六、水晶灯的安装

通常来说，吊灯、吸顶灯、壁灯和台灯都是由电气人员来安装的。各种样式种类虽有差异，但其安装方式大同小异。

当前，晶体灯的电照明方式有节能灯、LED灯，或二者组合。大部分的水晶石灯具都有很多附件，请务必仔细地看一下使用说明。

第一，拆开包装袋，看里面的零件有没有损坏。

第二，在进行了零件的检验后，将主灯丝连接到电源上，如果发现电源不亮等现象，要立即对电线进行检修（主要是在输送中的电线松动）；如果找不到，要立即和厂家联络。这是最关键的一点，否则所有的零件都安装好了，就会有部分灯具不亮，那就是浪费时间了。

第三，通电测试后，根据图纸的外观和附件，找出需要安装的零件，通常情况下，吊灯已经安装完毕，有些零件还没有装配好，所以要重新装配。

第四，装配完成后，将吊灯底座背面的吊板拆下来，并将吊板固定在吊顶上。

第五，吊灯安装完毕，将吊灯吊起（2~3 人配合），挂好后将灯罩撕开，拧上灯管，再次打开电源测试。

第六，吊灯安装完毕后，还要将水晶片、玻璃片等附件也悬挂起来。

第七，将一根根长度不一的晶石吊坠（通常是穿孔型，数量很多，有些吊坠甚至上百根），在组装时要按照一定的顺序摆放好，然后仔细检查，摆放的地方要均匀。

## 七、壁灯的安装

常用壁灯有床头壁灯、镜前壁灯、普通壁灯等。床头壁灯大都安装在床边的左侧，它可以万向旋转，光线聚集，看书方便；镜前墙的灯具大多安装在卫生间的镜子旁边。

墙壁灯具通常在 2240~2650 mm 设置。房间内的壁灯应靠近地板 1440~1700mm，只要稍高于视野范围就行。墙壁上的吊灯与墙壁之间的间距为 95~400mm。

壁灯的安装方式相对来说很容易，定位之后，就是以壁灯底座为中心，通常使用穿孔法将其与墙面连接。

# 第五章

# 智能家居弱电布线施工操作技术

## 第一节　智能家居弱电线材简介及选用

除了供电线路更加复杂，智能家居的弱电线路也是五花八门，这让我们的生活受到了极大的影响。家中的“线网”愈加错综复杂，愈加密不可分。

### 一、弱电线缆的性能

在综合布线中，采用 SEG-NET5 种 4 对无遮掩对绞电缆（UTPCAT5E）能在较长的时间内进行高精度的长程传送，具有较高的传输速度和较好的数据完整性。SEG-NET5 种 4 对无防护电缆的性能和典型用途如表 5-1 所示。

**表 5-1　SEG-NET 五类 4 对非屏蔽对绞线缆的产品特性及典型应用**

| 产品特性 | 典型应用 |
|---|---|
| 适应环境温度：-20～60℃ | 10BASE-T |
| 导体使用单根或多股绞合裸软铜线 | 100BASE-T4 |
| 标准阻燃聚氯乙烯或低烟无卤线缆护套（PVC） | 100BASE-TX |
| 阻水型电缆采用单层或双层阻水材料 | 100VG-AnyLAN |
| 聚乙烯绝缘（PE） | 1000BASE-T |
| 可选择撕拉线 | 155Mbit/s ATM |
| 难燃程度：CMX、CM、MP、CMG、MPG、CMR、MPR | 155Mit/s ATM |
| 无轴成卷包装 | 622Mit/s ATM |

在综合布线系统中，SGE-NET 超五级 4 对无遮掩对绞电缆（UTPCAT5）具有较高的长程传送速率，其频域特性可达 155 MHz。SGE-NET 超五级 4 对无防护对绞电缆的性能和典型用途参见表 5-2。

表 5-2　SGE-NET 超五类 4 对非屏蔽对绞线缆的产品特性及典型应用

| 产品特性 | 典型应用 |
|---|---|
| 适应环境温度：-20~60℃ | 10BASE-T |
| 导体使用单根或多股绞合裸软铜线 | 100BASE-T4 |
| 标准阻燃聚氯乙烯或低烟无卤线缆护套（PVC） | 100BASE-TX |
| 聚乙烯绝缘（PE） | 100VG-AnyLAN |
| 可选择撕拉线 | 1000BASE-T |
| 难燃程度：CMX、CM、MP、CMG、MPG、CMR、MPR | 155Mbit/s ATM |
| 无轴成卷包装 | 622Mbt/s ATM |

SGE-NET6 组 4 对非屏蔽对绞线缆（UTPCAT6）的频谱特性是 200 MHz，一般可以达到 300 MHz，可以适应不同的网络要求。SGE-NET6 组 4 对非屏蔽对绞电缆的性能和典型用途参见表 5-3。

表 5-3　SGE-NET 六类 4 对非屏蔽对绞线缆的产品特性及典型应用

| 产品特性 | 典型应用 |
|---|---|
| 适应环境温度：-20~60℃ | 10BASE-T |
| 导体使用单根或多股绞合裸软铜线 | 100BASE-T4 |
| 标准阻燃聚氯乙烯或低烟无卤线缆护套（PVC） | 100BASE-TX |
| 聚乙烯绝缘（PE） | 100VG-AnyLAN |
| 可选择撕拉线 | 1000BASE-T |
| 难燃程度：CMX、CM、MP、CMG、MPG、CMR、MPR | 155Mbt/s ATM |
| 无轴成卷包装 | 622Mbt/s ATM |

在综合布线系统中，SGE-NET3/5 级 25 对非屏蔽对绞式电缆（UTPCAT3/CAT5）能够在较长的时间内进行高精度的长程传送，具有较高的传输速度和良好的数据完整性。NET 3/5 级 25 对非屏蔽对绞线的性能和典型的用途如表 5-4 所示。

表 5-4　SGE-NET 三/五类 25 对非屏蔽对绞电缆的产品特性及典型应用

| 产品特性 | 典型应用 |
|---|---|
| 适应环境温度：-20~60℃ | 10BASE-T |
| 导体使用 24 线规实心铜导体，2 芯一对，5 对一组 | 100BASE-T4 |
| 标准阻燃聚氯乙烯或低烟无卤线缆护套（PVC） | 100BASE-TX |
| 聚乙烯绝缘（PE） | 100VG-AnyLAN |

续表

| 产品特性 | 典型应用 |
| --- | --- |
| 采用胶带绑组，围绕中心加强芯分布 | 155Mbt/s ATM |
| 难燃程度：CMX、CM、MP、CMG、MPG、CMR、MPR | — |
| 有轴成卷包装 | — |

同轴射频电缆也称同轴电缆，包括五个部件：轴心重叠的铜芯线、金属屏蔽网、绝缘体、铝复合薄膜、护套。

为了使电缆的生产与使用得到规范化，我国已将其统一的名称分为四个部分，第二部分、第三部分和第四部分均用数字表示，它们分别是同轴电缆的特征抗（Q）、芯线绝缘外直径（In）及结构序号。表 5-5 列出了有线电视同轴光缆的特性。

**表 5-5　有线电视同轴光缆的产品特性**

| 参数 | | 普通-5 | 低损耗-7 | 普通-7 |
| --- | --- | --- | --- | --- |
| 特性阻抗/Q | | 75 | 75 | 75 |
| 电容/（pF/m） | | 56 | 56 | 56 |
| 衰减 | 10MB | 0. 4dB | — | — |
| | 100MB | 1. 1dB | 0. 75dB | 0. 8dB |
| | 900MB | 4dB | 2. 6dB | 2. 7dB |
| 全径/mm | | 5. 1 | 7. 25 | 7 |

为了实现卫星电视与接收机的互联互通，采用了卫星电视中的单同轴或若干条线缆和一条同轴电缆构成的卫星电视同轴光缆。表 5-6 列出了卫星电视同轴光缆的特性。

**表 5-6　卫星电视同轴光缆产品的特性**

| 参数 | | CT100 | CT125 | CT167 |
| --- | --- | --- | --- | --- |
| 特性阻抗/Q | | 75 | 75 | 75 |
| 电容/（pF/m） | | 56 | 56 | 56 |
| 衰减 | 100MB | 6. 1dB | 4. 9 | 3. 7 |
| | 860MB | 18. 7dB | 15. 5dB | 12dB |
| | 1000MB | 20dB | 16. 8dB | 13. 3dB |
| | 3000MB | 36. 2dB | 31dB | 25. 8dB |

续表

| 参数 | | CT100 | CT125 | CT167 |
|---|---|---|---|---|
| 回波损耗（RLR） | 10~450MB | 20 | 20 | 20 |
| | 450~1000MB | 18 | 18 | 18 |
| | 1000~1800MB | 17 | 17 | 17 |
| 全径/mm | | 6. 65 | 7. 25 | 7 |

频音电缆是一种镀锌铜芯外层聚乙烯绝缘层，每条线股均为 BELFOIL 型铝聚酯屏蔽罩。在表格 5-7 中，是音频电缆的产品特性。

**表 5-7　音频电缆的产品特性**

| 参数 | | 阻抗/Ω | 外径/mm | 截面积/$mm^2$ | 电容/(pF/m) | 备注 |
|---|---|---|---|---|---|---|
| 低温特柔型 | 1 芯 | 50 | 3. 33 | — | — | — |
| | 2 芯 | 50 | 7. 29 | — | — | |
| 对绞型 | 20（7×28） | — | 4. 6 | 0. 5 | — | — |
| | 18（7×28） | — | 5. 9 | 0. 8 | — | |
| | 16（19×29） | — | 7. 0 | 1. 3 | — | |
| 单绞型 | — | — | 5. 95 | — | 43 | 适用于移动数字音频设备间的互连，500m 的扩展传输 |

## 二、弱电线缆的选用

### （一）视频信号传输线缆的选用

通常采用 SYV75 欧姆系列的同轴光缆；SYV75-5 是使用最普遍的一种，其用于无中继的图像信号通常在 300~500m 范围；若是远距离，则采用 SYV75-7、SYV75-9（在实践中，无中继线缆的传输范围可以达到 1km）。

### （二）通信线缆的选用

一般采用具有 0. 3~0. 5$mm^2$ 的芯截面的（RVVP）或 3 类双绞线。在选用通信光缆时，必须要有较大的长度和较大的直径。1200m 是 RS-485 通信中最基本的通信距离，而当采用 RW2-1. 5 型防护线路时，通信距离可达 2000m 以上。

### （三）控制电缆的选用

在选用控制电缆时，应根据输电距离、工作条件等因素，决定导线的大小，以及是否对其进行屏蔽。

**（四）声音监听线缆的选用**

通常使用4芯屏蔽通信光缆（RVVP）或3型双绞线（UTP），各芯截面为0.5mm$^2$，通过点对点传输至中心控制台，通过高压低电流传输，故选用RVV 2~0.5的非屏蔽2芯光缆。一般RVV 2×0.3（信号线）和RVV 4×0.3（2芯信号+2芯电源）类型的线缆；通常，2芯的信号线用于报警控制器与终端安保。

**（五）楼宇对讲系统线缆的选用**

（1）RVV4-8~1.0是一种用于语音传输和报警的线缆。

（2）SYV75-5线缆主要是为视频信号的传送而设计的。

（3）在一些线路因受外界干扰而不能接地时，可采用RVVP型电缆。

（4）室内机视频、双向声音和远程开锁等终端均与门口机并接，每一条呼叫线均与门口机分开连接，使用23型双绞线，芯线截面积为0.5 mm。

## 第二节　家居弱电综合布线系统及组成模块

在水、电、气之后，综合布线系统是必不可少的基本设备。家居弱电布线系统的特点是电压低、电流小、功率大、频率高，而信息传输的保真度、速度、广度、可靠性等是影响通信品质的关键。

智能住宅的弱电集成布线系统由分布装置、各种电缆、各个信息出口等构成，每个单元采用模块式、分层式的星形拓扑，各个功能单元和线路彼此独立，即使某个电器或线路出现故障，其他设备仍能正常工作。其分布设备主要由监控、计算机、电话、电视、视频、扩展接口等模块组成。它的作用是接入、分配、转接和维护。

智能住宅弱电集成布线系统的主要工作是连接和控制各类不同的信号，并将各个节点的线路与相应的功能模块相结合。

## 第三节　智能家居弱电布线操作技术

### 一、家居弱电布线

首先，在布线之前，要了解室内的环境和各房间的用途，然后根据配电箱、有线电视进线口、电话线和网线进入家中的位置来确定信息接入箱和分配箱的位置。选用一种位置隐蔽，不影响美观，便于操作的布线盒，将电话线和网线装入其中。由于要安装路由器和交换机，所以在设计布线盒时要考虑到尺寸。在有线入口处，设计可放置两个分配器的底盒。

“星形拓扑”是目前最有代表性的一种布线形式，它采用的是4芯和8芯线（五类线）并联的电话线和网线。为了方便使用，电话线和网线均与PVC线连接（网线与电话线的间距一般为10cm，因此不会产生任何干扰），而事实上，家用和网线在同一时间都很少，因此并没有太大的影响。

PVC电视管道在地板上铺设，并在距离地面30cm处设置信号插座。在实际安装信息线路时，要留出足够的空间。一般情况下，底层的数据包要留出30cm的距离，而信息的存取部分要留50cm。假设信息插口与信息接入盒之间的间隔为25m，并进行简单的计算，就能得到对应的材料列表。

目前，数字电视已经有了交互的功能，用户可以让电视台知道自己要观看的节目，然后播放用户希望看到的内容。在数字电视中，下行传输电视信号用的是同轴电缆，而上行链路传输交互信号用的是五类线，用于双向通信。

有线电视是按照房间数来安排的，按照一分三或一分四的分配器进行分配，然后将其连接到各个房间。如果进门有两条线，就应该直接走到客厅，这样才能让客厅的电视将画面显示得更清楚；另一个分配器连接到不同的房间。

## 二、家居组网技术

家庭组网的首选传输媒介是以太网线，是可以达到上千兆位的网络。为了在多个房间内进行以太网的布线，需要对网络的结构、交换节点、汇聚节点等进行认真地设计。

### （一）家居网络

#### 1. 局域网系统

通过申请网络宽带，您可以在家中安装一个小的局域网，让每个房间都能接入。另外，随着家用电器网络化的发展，网络影音中心、网络冰箱、微波炉、网络视频监控等都可以通过网络接口连接网络。

在这种情况下，局域网是星形拓扑结构的，就算有什么问题，也只会对这个节点产生影响，RJ45布线板是控制信息接入盒的主控，它的背后是一条网络接口。另外，在配线接入箱中还应该装有一台小型的网络交换机，该交换器可以用RJ45的跳线与配线板的前端相连。

#### 2. 有线电视系统

如图5-1所示，住宅的有线系统应该使用专用双向、高屏蔽、高隔离的1000MHz同轴电缆、面板、分配器、放大器（在4个以上的分配器中均需使用)。选用技术指标为 5~1000MHz 的高质量的分配器设备。采用 75-5 型、四屏蔽物理发泡同轴电缆，可对外部信号的干扰起到很好的屏蔽作用，并保证各个房间的信号水平；有线电视图像清晰，不受网络的影响。现有的有线电视室内布线结构主要有两种：串联分布结构如图 5-2 所示，并联分布结构。

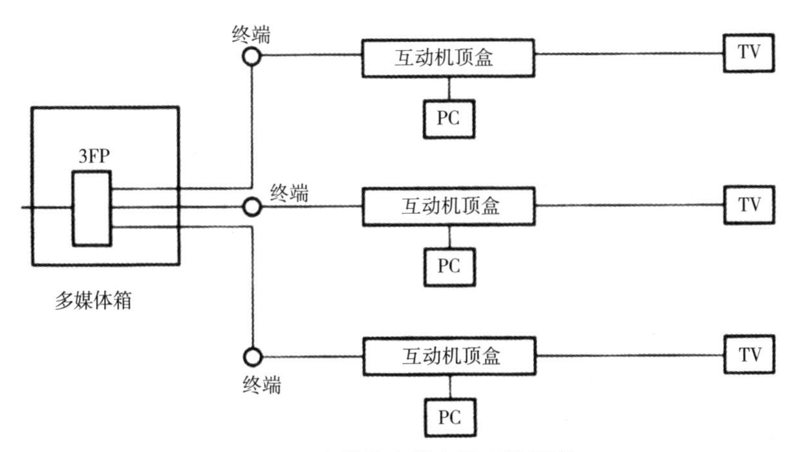


**图 5-1　家居的有线电视系统示意**

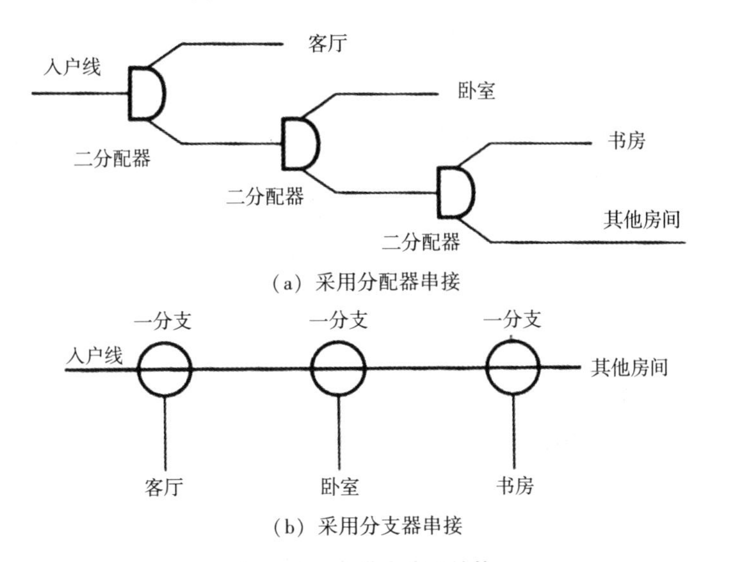


**图 5-2　串联式分配结构**

基础型 HDTV 数字机顶盒如何与电缆调制解调器相连？

计算机与基础型高清晰度有线数字机顶盒放置在同一个地方。

计算机与基础型互动式有线高清数字机顶盒设在不同的地区，计算机上没有与有线电视信号连接。

计算机与基础型的有线高清数字机顶盒在不同的地方，但是计算机上有有线电视信号。

**3. 电话系统**

在家中安装了一个小型的程控电话交换机，只要申请一条外线电话线，就可以使所有的房间都有电话，这时它可以在室内和室外进行通话。当有外边的电话打进来时，它就会一直响到对方接听为止。假如不是你的电话，你可以通过电话拨打房间号，将电话转入其他房间。

**4. 家居影院系统**

家居影院是一种让人在家也能享受到和电影院同样清晰的影像和动态的音响效果，让用户获得一种身临其境的视听享受，因此家庭影院成了许多家庭的首选。家庭影院设备以音频和视频为主，而视频则是其中的重要组成部分，一般是通过投影机或者大屏幕彩电来实现的。

家庭影院扬声器前面的主音箱和中置音箱都不需要连接，后面的环绕音箱需要连接。家庭影院的布线主要包括 VGA、色差线、DVI. HDMI，以及音箱线路。这种高档的家庭影院，电线没有串成串，而是一根走到底，连接线和接头都是定制的，因此与其他的电线是独立的，且一般是在客厅和书房里布线。为了确定合理的电缆长度，工作人员必须准确地确定走线长度。

**5. AV 系统**

AV 是视频与声音的融合，其输出信号包括一条视频、一条左通道、一条右声道。AV 播放机一般都放置在客厅里，如果要想欣赏 AV 播放机的影音，就得把上述三种线路通过家居综合布线与每个房间相连。家庭 AV 系统包括 DVDAV 系统、卫星接收机 AV 系统和数字电视 AV 系统。通过 AV 信号传输，无须增加 DVD、卫星接收机、数字电视节目等设备，就可以在其他房间观看 DVD、卫星电视节目、数字电视节目。

**（二）组网选择**

Wi-Fi 适用于家庭内部的无线接入，是所有智能终端的主要连接方式。在理想情况下，Wi-Fi 可以提供几百兆的无线带宽，这使多媒体尤其是视频媒体的无线传输成为可能。然而在家庭中，无线覆盖的效果却不尽相同，有的家庭由于家具、墙壁等障碍，又由于通信距离太远，网络覆盖范围和强度下降，影响了网络的整体性能。目前国内有 2. 4 GHz、5. 8 GHz 的 Wi-Fi 产品，前者用于无线访问，后者用于更好地进行无线传输。

目前，国内大部分的同轴电缆用于传输有线电视节目，也可以通过调频解调等方法实现数据传输。然而，能够使用的资料传输装置却是光电运营商的责任。

电力线是用来进行数据传送的，其供电插座在家里的各个房间都有，接入点的选择也比较灵活，按照电源线进行网络连接是一种非常有效的家庭布置方法。

根据家用网络技术，用户可以根据诸如以太网线、Wi-Fi、电力线等的方式，选择合适的终端，并根据成本因素进行选择。建议使用以太网，因为它能在墙上通过电线传输。建议的网络产品有位置接入、接入外置网关、电力线通信产品等。

**（三）光纤到信息接入箱**

在用户使用 Wi-Fi 无线网络访问业务时，诸如大型家用信息接入箱的室内电缆汇合点可以满足 PON 线路 e8-C 装置的布置，但信息存取盒对于外部的无线覆盖效果不能满足用户的要求，因此提出了通过 AP 外置网关与位置 AP 结合的组网模式来实现室内无线网络的覆盖。在用户住宅中，选择符合用户服务要求的无线 AP 覆盖效应的场所，从那里向电缆汇合点（家用网关放置点）布设一条五级线路，并提供一电源插座（向无线 AP 装置提供电力）。

**（四）光纤到客厅**

在起居室和卧室用户可以安装 IPTV，但在客厅电视墙和卧室电视机旁边没有以太网连接，除非明线再加一条，否则无法安装 IPTV。建议采用基于 5.8GAP-APClient 的产品组合方案，或者通过使用电力猫来进行 IPTV 网络业务的配置。

**（五）5.8GAP-APClient 产品组合**

携带 IPTV，选择适当的 5.8 GAP 布设地位，设置一条 5 类线至电缆汇合点（网关放置点），并提供电源插座（为无线 AP 设备提供电力），该设备的顶盒与 5.8 GAPClient（无线客户端）通过五种线路相连。

## 三、家居弱电综合布线（管）施工材料要求

**1. 线缆**

（1）电源线。根据国家标准，单个电器支线、开关线采用标准 $1.5mm^2$ 的电缆，主线采用标准 $2.5mm^2$ 的电缆。

（2）背景音乐线。背景音乐线采用的是标准 $2\times0.3mm^2$ 的线缆。

（3）环绕音响线。环绕音响采用的是标准 100~300 芯的无氧铜线缆。

（4）视频线。视频线采用的是标准 AV 影音共享线。

（5）网络线。网络线采用的是超五类 UTP 双绞线。

（6）有线电视线。有线电视线采用的是宽带同轴电缆。

**2. 接插件的检验要求**

（1）接线排、信号插座和其他接头必须采用具有阻燃性的塑料材质。

（2）安保接线排的安保过电压和过电流保护装置的安全性能要求必须满足

相关要求。

（3）光纤插座连接器的使用型号、数量和位置应符合设计要求。

（4）在光纤插座面板应设置一个“发射（TX）”和一个“接受（RX）”的显著标记。双绞电缆与干扰源的最短间距，如表 5-8 所示。

**表 5-8　双绞线缆与干扰源最小的距离**

| 干扰源类别 | 线缆与干扰源接近的情况 | 间距/mm |
|---|---|---|
| 小于 2kV·A 的 380V 电力线缆 | 与电缆平行敷设 | 130 |
| | 其中一方安装在已接地的金属线槽或管道中 | 70 |
| | 双方均安装在已接地的金属线槽或管道中 | 10 |
| 2~5kV·A 的 380V 电力线缆 | 与电缆平行敷设 | 300 |
| | 其中一方安装在已接地的金属线槽或管道中 | 150 |
| | 双方均安装在已接地的金属线槽或管道中 | 80 |
| 大于 5kV·A 的 380V 电力线缆 | 与电缆平行敷设 | 600 |
| | 其中一方安装在已接地的金属线槽或管道中 | 300 |
| | 双方均安装在已接地的金属线槽或管道中 | 150 |
| 荧光灯等带电感设备 | 接近电缆线 | 150~300 |
| 配电箱 | 接近配电箱 | 1000 |
| 电梯、变压器 | 远离布设 | 2000 |

**3. 室内弱电施工要求**

在家庭布线时，要考虑强电线与弱电线的方向、位置关系、布线距离等，要参考有关规定，尽量选用 PVC 电线管，以便于电缆的更换，在拐角处使用圆角双通线。

（1）根据图纸或客户的要求进行设计，在保证设备运行正常的前提下，完善技术规格，以保证项目质量。

（2）按照设计图或与客户协商后决定的线路（草图）来建造并保证提供的线路位置准确、无遗漏。

（3）电线管路的端部与装置之间的接线应按照要求留出足够的空隙，并按照图中所列的线路编号，用标牌标明导线两端，并按照线色进行接线，并在设计中做好记录并保存。

（4）在墙装设备的装配过程中，要保证装置整齐、牢固、美观。

**4. 施工顺序**

（1）确定点位。

第一，要了解弱电线的布线施工图，若无，应与客户联系，以确定配线计划。

第二，根据点位来决定。根据弱电线路的布线施工图和用户联系，决定线路的布置，并用铅笔、直尺或墨水笔在墙壁上做好标注。

第三，暗盒的高度要确定。如无特别规定，盒子应与原有电源插座的高度一致，而背景音乐调整开关的高低应与强电开关的高度一致。如果多个盒子同时摆放，那么盒子之间的间隔应该是 10mm。

第四，确定各点位用线长度。测定信息盒到相应的信息插座的长度；此外，由于信息口及信息接入箱的多余导线的长度，使得数据存取盒的电缆冗余长度仅为信息接入箱的一半，而在各个信息接入箱的电缆冗余长度为 200~300mm。

第五，确定标签。将各类电缆按规定的长度切割后，将电线的两端都标上标志，标注其弱电类型，并标注编号。

第六，确定管内线数。电缆在管道中的截面不能超过其截面的 40%。

根据不同的房间情况，需要有相应的出口。在进行建筑结构的规划时，应充分考虑用户对室内的要求，同时要注意与电脑、电话机等装置的连接是否方便和安全。

通常情况下，采用嵌入式的信息插口，在国内采用的是 86 格式的底盒。这个盒子是方形的，直径 80mm×80mm，螺孔的空隙是 60mm。信息插座和电源插座相隔 20cm 以上。应当把桌面式插座与家具、书桌的配合及安装时的安全性问题加以考量。

（2）开槽。

第一，确定开槽路线。遵循最短线路，不影响防水的原则。

第二，确定开槽宽度。在决定 PVC 导线管的直径时，要按信号线的数量决定插口的宽度。

第三，确定开槽深度。若选择 $\phi$6mm 的 PVC 电线管，其沟槽深度应为 20mm；若选择 20mm 的 PVC 电线管，其沟槽的厚度应为 25mm。

第四，开槽外观要求：横平竖直、宽窄一致，90°拐弯不能是直线，必须是圆弧。

（3）底盒安装及布管。在安装底箱时，要保证它的开放面与墙体垂直，安装方正，而且不能在粘贴的地方突出墙面。在底盒装好之后，要用铁钉或者混凝土灰浆将其紧贴在墙壁上。在铺地砖的时候，尽量将地砖的底部放在地砖中间，不要在安装腰部和瓦片上，也不要在两到四片的地砖上都安装一个底盒。当底盒与底盒并联时，应预留 4~5mm 的间隙。底盒与水平方向是垂直的，相同的内部箱体同一水平面上。首先把基箱的底座和管子都装好，以保证底座的定位正确。

采用多层屏蔽、扁平电缆和大对数的干线电缆，其管道的直径利用率可达50%~60%，而在弯道管道中的管道使用量可达40%~50%。在布放4对对绞电缆或4芯以下光缆时，电缆的截面利用率可达到25%~30%。

电线管弯曲半径的要求如下所述。

第一，穿非屏蔽的4对对绞电缆的导线管的弯曲直径应该是电线管外径的4倍以上。

第二，4对对绞线电缆的电线管的弯曲半径应该是电线管外径的6~10倍。

第三，导线管穿过主干式对绞缆线时，其弯曲半径必须是导线管外径的10倍以上。

第四，穿光缆的电线管弯曲半径应为电线管外径的15倍。

（4）封槽。

第一，固定底盒。要求底盒与墙壁平行，同时要保证多个底盒在同一水平面上。

第二，固定PVC电线管。将PVC导线管间隔1m固定，并在离PVC导线管末端0.1m的地方进行紧固。通过底盒、信息箱的打孔口导入（一管一孔）电线管，用锁扣把它固定住。

第三，封槽。封闭后的墙面和地面不得高于其所处的平面。

## 第四节　智能家居弱电布线系统解决方案

布线是家庭网络中重要的一环，与家居网络的实际使用密切相关。它的特性是，一旦完工，很难改变。因此，用户必须考虑到这个问题。一步跨入智能化由于产品、技术、成本等因素，现在还为时过早，不过在未来，智能家庭产品将会逐渐走向成熟。所以，在制订布线计划之前，必须对这个目标做好充分的准备。为避免过一段时间再布线或明布线，应结合目前及未来的需要，科学合理地规划和设计。

### 一、普通住宅布线方案

普通住宅布线方案把智能家居与小型住宅结合起来，让住宅的使用更具时代感，更加富有生机。大多数家庭计算机网络不需使用太多的网络终端及网络，这是由于其网络化结构简单，因而有可能忽略计算机网络布线的可能性。而如果选用了无线网络，则不需要担心线路的问题。在经济性、兼容性和传递率方面，有线网络更安全、更灵活。

**（一）有线方案**

该方案为还没有进行过任何翻新的家庭的有线电视系统。普通住宅中各个资讯点位的布局，即针对固定电话、音视频、家用网络、家用电器网络与电话的控制要求，选用 IPTV 机顶盒、HTPC 等，同时要考虑网络冰箱、微波炉、网络洗衣机、网络淋浴房等各类智能电器的预留，以便未来实现电器、灯光等关键部位设备的统一控制和管理。

**（二）无线方案**

该方案为已完成的家庭设计了一套无线网络系统，由于室内空间较小，隔离墙壁较少，所以在布线盒的位置安装的无线终端可以将室内所有的空间都包括在内。

## 二、中档住宅布线方案

中档住宅布线方案融合并运用智慧家庭，为主流的居住空间带来了便利，同时让居住环境更加的舒适与温暖。在中等家庭布线时，应按需求挑选家居产品，以便以后语音、数据、电视、家居、多媒体、保安等智能化的应用，并适当预留空间。

**（一）有线方案**

该方案的内容如下所述。

第一，为尚未翻新的家庭提供有线电视服务。为适应固定电话、音视频及家庭网络的共享需求，并能透过网络与电话控制，利用 IPTV 机顶盒、HTPC 等设备，为未来各种网络设备的安装奠定基础。

第二，为吊灯、客厅背景灯提供可调光、具有记忆功能的智能开关，为电视、空调、饮水机、主卫的热水器配备智能插座、遥控设备和无线接收器。

第三，为各房间的窗户安装一套窗帘式红外线探测器，设置门磁式进入家门，在厨房设置一个烟雾报警装置，并与配电盒所在的家庭安防主机连接，当出现意外时，这些装置会向指定手机发出警报。

**（二）无线方案**

该方案主要是为已装修房屋提供无线设计。由于室内空间较小，隔离墙壁较少，因此在配线箱位置的无线终端可以覆盖整个室内，家居上网终端可采用无线网卡（USB/PCI/PCMCIA）。

## 三、别墅型布线方案

别墅型布线方案将高水准的智能家庭产品运用于高端住宅，给用户带来了极大的便利与舒适。该方案支持的服务范围包括数据、语音、家居和家居自动系统、电视、环境管理、多媒体、对讲、保安等。

**（一）有线方案**

该方案为还没有进行过装修的家庭提供有线设计，通过电话、上网、IPTV、有线电视等多种方式收看各类电视，并通过按键对家中电器、灯光等进行操作，使用户可以在家中任意一个地方上网。别墅每个楼层都有专门的通话装置，只要按动里面的按键，就能自动开启房间的大门。

一旦有歹徒闯入，或者出现煤气泄漏、火灾等危险状况，安防警卫就会启动各种形式（如全屋的灯光全开或警报器的警报），以便于迅速地处理出现的状况，而且安防警卫也会通过短信、固定电话、手机等方式，将危险信息传送到业主和小区的物业。

**（二）无线方案**

该方案为已装修的家居提供无线服务。无线网络若要完全涵盖整个居住区域，AP（如网络模块、语音模块等）需要在布线盒、楼梯等隐蔽位置安装，而家用网络终端则需要使用无线网卡（USB/PCI/PCMCIA（USB/PCI/PCMCIA）。

在图 5-3 中显示了由无线方案配置的装置。针对 IPTV 机顶盒中不能使用无线网络的部分网络设备，采用了无线网桥来实现，见图 5-4。目前，电器设备的控制可以采用已有的供电线缆，当需要对设备进行集中管理的时候，可以很容易地进行替换，见图 5-5。安防系统还可以采用无线方式进行，无线产品在以后有必要的时候可以直接买到。

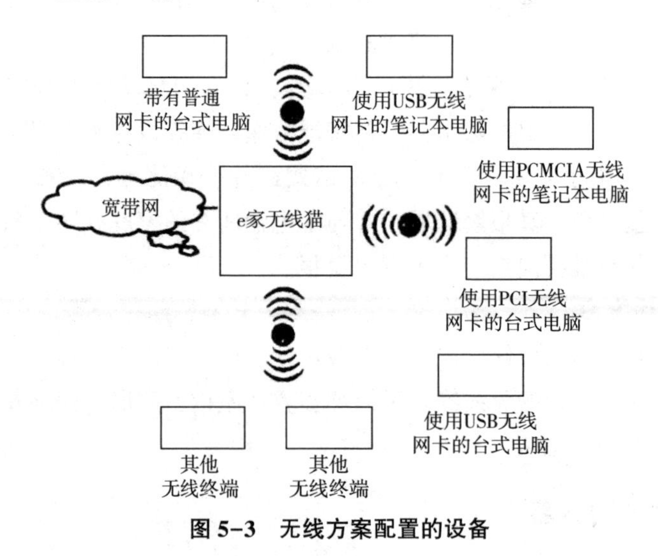


**图 5-3　无线方案配置的设备**

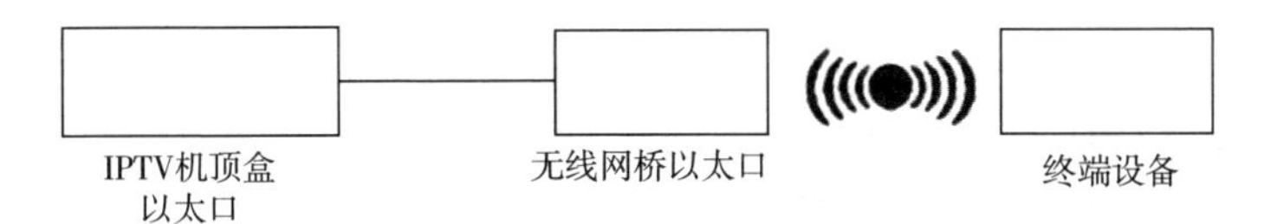


图 5-4　无线网桥解决方案

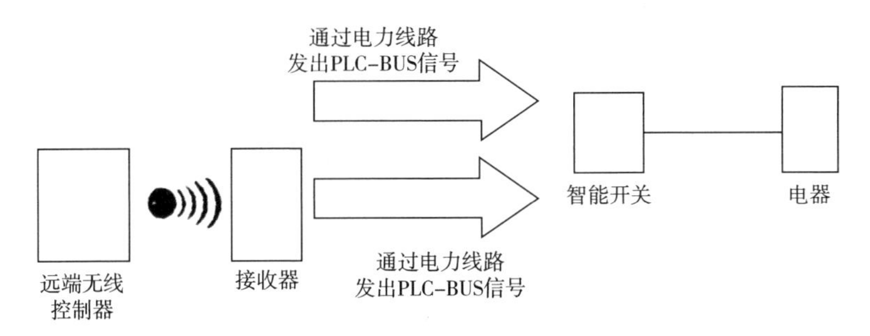


图 5-5　电器控制示意

# 第六章
# 智能家居通信与组网技术

## 第一节 通信技术概述

智能家庭中的通信技术，就是将所有的硬件设备通过网络都连接在一起，形成联通的网络系统。利用该网络，可以将各种不同的信息传送到智能家庭，并根据其实际应用需求，实现对其的控制。智能住宅包括各种通信技术和组网技术，包括有线和无线。两种技术都有各自的优点和不足，可以互补。目前，无线通信和组网协议的类型很多，而且智能家庭的标准还没有确定，新的协议也层出不穷，各种协议的共存将会持续很长一段时间。

通信技术是实现万物互联的一种技术方法。从一个地方向另一个地方传递消息的方式和手段就是通信技术。在智能住宅中，通信技术分为有线与无线两大类，它们各自有各自的优势与劣势。在早期的智能家庭中，大部分的智能家庭采用有线连接的形式，主要是通过总线控制等协议来实现对连接设备的访问和控制。智能住宅的有线模式抗干扰能力强，占用空间隐蔽，价格低廉。但是，由于导线必须事先埋在墙体内，所以它的安装周期较长，不容易改变设备的位置，也不易维护和维修。

随着无线通信技术的不断发展和成熟，目前大部分的家庭是以无线的方式生活。无线通信方式的特点是安装调试方便、移动灵活，无须复杂的网络线路。另外，某些无线技术还能实现多台无线设备的自动组网，具有较好的扩展性、低功耗、低成本、方便维护、环保等特点。但是，由于通信距离短，容易受到共用频道中其他通信设备的干扰，因此无线通信技术必须进一步完善。

### 一、有线通信技术概述

在早期的智能住宅中，有线通信技术并不是单独发展起来的，而是由工业控制技术演变而来的。有线通信的控制方法具有安全、稳定、不受外界干扰、数据传输速度快等特点。但其存在诸多弊端，如方案总体设计的费用高、铺设工程造价高、周期长；一旦安装了智能住宅控制系统，其后续的扩展和修改难度较大，灵活性较低。总的来说，在智能家庭发展的早期阶段，其主要采用的是有线通信，但是随着无线网络的不断增加，有线与无线通信技术在家庭中相互补充。

虽然有多种形式，但是可以将其分为 FCS（Fieldbus Control System）和 PLC（Power Line Communication）。在智能住宅中，采用现场总线控制系统，可使各控制器与电气设备之间通过互联的网络实现互联。作为一种完全分布式的智能控制网络技术，连接到网络上的设备不仅可以实现双向通信、相互操作和数据交换，还可以实现对控制部件的编程，从而实现了对现场的控制，降低了设备的安装和维护成本。因而，该现场总线控制系统基本上是一个具有相互操作性和分散功能的开放分布式控制系统，且已经成为智能家居的重要组成部分。在智能家居中，一般采用 RS-485、LonWorks、KNX、CAN、Mod Bus、CEBus、C-Bus、SCS-BUS 等。

在配电网中，以电力线路为载体进行数据和信息交流的技术就是智能家居电力载波技术。由于智能家居的智能家电都是由输电线路供电的，因此利用该技术，可以将已经铺设好的电源和家里已有的电力线，进行快速的数据传输。该工艺不产生放射性、无须再接电线，且节约能源、环境友好、操作简便。而其对家电的改装，也非常的简单，只需要在原有的家电上安装上电源、载波通信模块，就可以进行网络通信。目前，基于电力线载波通信技术，研制了一系列的智能家居产品，如电容式触摸开关、调光控制器、载波适配器、智能漏电断路器、人体红外传感器、电源控制模块、智能网关等。

## 二、无线通信技术概述

无线通信技术包括无线通信、红外通信、光通信等。在这些通信中，最常见的就是无线通信，它是利用电磁信号在自由空间中的传输来进行通信的。相对于有线通信，无线通信一般是一种不需要进行通信的有线媒介。无线通信是指通过数字信号 0 和 1 实现数字信号的编码和数字传输。它通常包括用户设备、编码和解码、调制和解调、加密和解密、传输和交换设备。随着距离的增加，通过空中传播的无线信号会逐渐变弱。同时，有效的无线电信号会受到外界噪声及其他同频信号的干扰。为保证无线通信质量，克服时空变化带来的不稳定等问题，通常要求采用复杂的数字调制解调技术。

在智能住宅中，为了达到无线通信的目的，必须建立一套无线通信网络。无线通信网络是由无线通信技术、设备、标准和协议组成的一种通信网络。使用这样的网络通信协定的设备能够存取网络，并借由网络互相联络。在无线通信网络中，大部分通信装置都嵌入了智能电器，并通过无线固定通信，或通过手机、遥控器等移动终端来实现。

按照智能家居的无线通信距离来划分，智能住宅通常是短距离通信，通信距离通常在几米到数百米之间，比如，蓝牙、ZigBee、Z-Wave、UWB、Wi-Fi、LiFi、NFC、红外通信、RFID 通信等。一些家庭需要远程“永远在线”遥控，比如远程抄表，可以采用远距离的无线控制方式，在数十公里范围内进行通信，如 3G、4G、5G、NB-IOT 等。在智能家庭中，一些无线通信协议可以实现自身的组网功能，可以将已部署的无线设备自动组合成一个无线网络，如 ZigBee、Bluetooth、Z-Wave 等。

# 第二节　短距离无线通信技术

在智能家居中，短距离无线通信技术包括蓝牙技术、Wi-Fi、ZigBee、Thread 等。这些技术各有千秋，发展的历史也各不相同。我们将持续推出低功耗，高性能的协议，以适应物联网及智能家庭的应用。未来的发展，依然是强者为尊，竞争有序。鉴于目前对智能家庭多元化的需要，我们认为，未来一段时期，将会有更多的机会，更好地利用每种技术自己的优势，将其融合发展。

## 一、蓝牙技术

如今，蓝牙技术已经得到了广泛的运用，不仅在工作、商务中有着卓越的表现，在家庭生活中也有着卓越的表现。将蓝牙技术引入家庭办公中，让办公和生活变得更加随意和有效。此外，蓝牙技术也是汽车导航系统中的一项关键技术，用户可以在 10m 范围内通过蓝牙遥控车门、汽车上的各种开关，并将电子地图等信息输入车载 GPS 导航系统中。另外，车载实时蓝牙系统还能提醒驾驶员避免在拥堵路段绕行。

蓝牙是一项全球开放的技术标准，可以在各种固定的、移动的硬件设备之间进行无限的通信，现在已经在工作、生活、娱乐等领域得到了广泛的应用。

在智能家庭中，通过蓝牙技术可以实现多种智能家电的低功耗接入，特别是对手机的使用。特别是蓝牙 5.0 智能家庭的全新设计，如通过无线网络实现精确到 1m 以内的室内定位，以及更长的距离，这些都将增强蓝牙技术在智能家庭中的竞争优势。

### （一）蓝牙组网方式

根据具体的方法，蓝牙可以包括两类：微微网和散射网。

**1. 微微网**

微微网是一种通过蓝牙技术，以某种方式进行连接的微型网络。在微微网中，每个设备都具有相同的级别和相同的权限，并且通过自组织方式（Ad-hoc）组网。微微网包括一个主设备和一个从设备，该装置包括一个主设备单元和最多7个从设备单元。一个微微网可以是两个设备之间的互联，也可以是8台设备相连构成的网络。

蓝牙手机和蓝牙耳机之间的联系是一个很简单的微微网。在微微网中，以智能手机为主设备，而蓝牙耳机则充当从设备。当蓝牙连接完毕后，就可以开始使用蓝牙耳机。另外，通过蓝牙连接，可以在两个移动手机之间传输文件、照片等，实现无线传输。

**2. 散射网**

由于微微网中的节点设备数量最多不超过8个，因此可以通过多个微微网相互连接，从而实现对无线网络的覆盖。为了防止各个微微网之间的相互干扰，需在散射网络中使用了多种跳频序列。所以，如果不同的微微网在同一时刻没有跳进相同的频道，那么每个微微网都可以在2.4 GHz的频道上同步传输数据，而不会产生任何的干扰。

在不同的微网络中，可以在微网络中选择一个Slave，并兼有桥（Bridge）节点，即Slave/Slave（S/S），当然，微微网络中的Master也可以作为Slave节点。因此，通过不同时隙、不同微微网的桥节点之间的角色转换，可以实现微微网之间的信息传输与连接。

散射网是自组网的一种特殊形式，它的最大特征是没有基地站的支持，且各终端之间的位置均等，可以独立地进行分组转发决策。它具有灵活性、多跳性、拓扑动态变化和分布式控制等特点，为散射网的构建奠定了基础。

**（二）智能家居的主要应用及未来发展**

蓝牙技术具有规模小、成本低、连接距离短等特点，它能够与掌上电脑、笔记本电脑、手机等移动通信终端进行通信，特别是通过手机的蓝牙连接来控制家用装置。

虽然蓝牙技术的传输距离短、传输速度慢，但是它具有较低的能耗，尤其是低功耗的蓝牙技术，目前已广泛用于家庭医疗、健康传感器、智能穿戴设备、智能玩具等供给有限的设备，如血氧计、血压计、体温计、体重秤、血糖仪、心血管活动监控仪、便携式心电图仪等。

Bluetooth5.0扩展到了300m的范围，同时增加了室内定位和导航的功能，这在未来的发展中是非常有意义的。但是，我们也应该看到，蓝牙的网络容量是有限的，特别是在将来的家庭中，要将数百个智能设备的感应器都进行自组织，所以我们必须把希望寄托在蓝牙 Mesh 上。

在低成本、超低功耗的智能家庭中，蓝牙 Mesh 有其独特的优点。新的协议具有较低的传输功率和完善的睡眠机制，使蓝牙具有超低的功耗，在待机时的功耗可以达到微瓦级，而且可以迅速地启动。它能增加通信距离，降低覆盖盲区。在智能家庭中，它最大的传输速率可以达到 24 Mbit/s，即使是图片或视频也可以很容易地被传送。

IPv6 和低功耗 LoWPAN 的引入使蓝牙节点能够独立地访问互联网。特别是，蓝牙定义了 79 个频道，当你的家庭网络相互连接时，有很多频道可以避开同频，但是 Wi-Fi 包括 2.4 GHz 的 ZigBee，以及 868 MHz 和 915 MHz 的频道，一共 27 个信道。

## 二、ZigBee 技术

蓝牙技术在家庭自动化、远程监控、工业遥控遥测等领域存在着许多缺点；此外，蓝牙技术网络规模小，组网方式不灵活，传输距离短，不适用于范围较大的场合。IEEE802.15.4 工作组是 IEEE802.15.4 的一种经济、高效、灵活的组网方法。ZigBee 正是基于这种标准而发展起来的。

ZigBee 联盟为 ZigBee 技术标准提供了支持低速率传输、低能耗、安全可靠和经济高效的无线网络解决方案。ZigBee 技术标准是基于 IEEE.802.15.4 开创的，并增加了一个基于 Resource802.15.4 的逻辑网络、网络安全和应用程序。作为 ZigBee 协议的基石，IEEE802.15.4 主要负责规范物理层和 MAC 层的协议，并由 IEEE 组织制订和推广。

ZigBee 技术适用于低速率的数据传送，也适用于数据的采集、控制。不同于一般的无线通信技术，ZigBee 主要用于监控、控制、工业控制、环境监测、医疗护理、安全预警、目标追踪等领域。

ZigBee 产品广泛应用于智能家居，如照明控制、窗帘控制、家庭安全、供暖、内置家用控制机顶盒、万能遥控器、家庭环境监测和控制、自动读表、烟雾感应、医疗监测、空调、家电遥控、远程监测、远程监护、远程治疗等。例如，利用 ZigBee 网络，完成对电表、气表、水表的自动抄表及监控。在实际应用中，由于采用了 ZigBee 技术与 GPRS/CDMA 技术相结合的技术，实现了无线抄表网的柔性结构，并将采集到的数据传输给抄表监控中心。

在医学领域，利用 ZigBee 网络，可以实时、准确地检测患者的血压、体温、心跳速度，从而减少了医生查房的负担，有助于医生快速做出诊断，特别是对危重病人的监护与治疗。例如，通过 ZigBee 技术，可以设计出一个无线医疗监控系统。该系统由一个监控中心和 ZigBee 传感器节点构成，其中具有 ZigBee 通信功能的传感器节点，在采集到被监视对象的身体参数后，利用多跳中继的方式，将数据通过路由器节点传送给 ZigBee 网络的中央节点，通过互联网网络将数据传送给远程医疗监护中心，或者通过终端外的 3G/4G 模块，将数据传送至指定医务人员的移动电话上，由医疗人员进行统计、观测，并为他们提供必要的心理咨询，以实现对病人的远程监护与诊断。

## 三、Wi-Fi 技术

无线高保真是一种重要的无线网络技术，Fidelity 是指不同厂商之间的无线设备的兼容性。随着 4G 时代的到来和 WLAN 的兴起，Wi-Fi 技术也逐渐被应用到了这个领域。

Wi-Fi 之所以能在 WLAN 中普及，一方面是因为 WLAN 设备的标准化，另一方面也是为了让各厂家的 WLAN 设备能够相互兼容，从而促进 WLAN 的推广。

无线联网技术的实现有赖于接入节点（AP）与无线网卡的支撑。与传统的有线网络相比，无线网络具有较高的复杂性和较高的安装成本。在无线网络建设中，采用现有的有线体系结构，采用无线网卡与 AP 实现网络共用。AP 的主要作用是连接无线局域网和 MAC 层。因此，无线工作站可以像普通的有线网络一样快速方便地连接网络。

特别是在使用宽带的情况下，Wi-Fi 技术的应用更为方便。在接入宽带有线网络（ADSL）之后，通过将 AP 与电脑相连，然后将电脑安装到无线网卡上，实现资源的共享。一般的用户只会使用一个 AP，即使是在邻近的人被授权的情况下，也可以在没有添加端口的情况下共享。

Wi-Fi 技术的优势如下所述。

### （一）无线网络的覆盖范围广

无线网络的覆盖范围大概在 100m 以内，这是蓝牙技术无法做到的。

### （二）传输速度快

与蓝牙相比，Wi-Fi 在安全、通信质量等方面均有所提高，且无线网络的传输速度可以达到 11 MB/s（802.11b）或 54 MB/s（802.11g），能够满足人们和社会对信息的需要，能够快速地进行数据传输。

### （三）无须布线

Wi-Fi 技术可以在特定的地区利用接入点和无线网卡实现在特定的区域间的互联，非常方便移动办公，因此有很大的发展空间。

**（四）健康安全**

200 mW～1 W 是移动电话的传输范围，使用时不会直接接触人体，所以非常的安全。

**（五）Wi-Fi 应用现在已经非常普遍**

Wi-Fi 是可以覆盖整个家庭的网络，它作为一个主要的家庭网络，可以和家中的其他带有 Wi-Fi 功能的设备相连，如电视机、影碟机、数码音箱、数码相框、照相机等，从而形成了一个数字化、无线化的家庭，让人们的生活更加方便。

## 四、Z-Wave 技术

Z-Wave 技术是一种基于射频的短距离无线通信技术，且成本低、功耗低、可靠性高。Z-Wave 技术的工作频段为 902MHz（美国）至 868.42 MHz（欧洲），传输速率为 9.6 kbit/s，并且使用了 FSK（BFSK/GFSK）调制模式，使其有效覆盖距离为 30m，室外 100m，适合窄带使用。随着通信距离的增加，系统的复杂度、功耗和系统成本都会增加。Z-Wave 技术是一种非常适合窄带和采用创新软件解决方案的技术，因此 Z-Wave 技术将成为低功耗、低成本的一种技术。

**（一）Z-Wave 技术的特点**

**1. 低成本**

Z-Wave 系统可以达到 232 个结点，并且可以在不同的结点间建立通信路由，但在 Z-Wave 网中加入 120 多个装置时（一般为 20～30 个），会造成很大的延迟。所以 Z-Wave 非常聪明地把它的节点控制在 232 个。Z-Wave 专注于小型智能家庭应用程序，因此其具有更好的性价比。

**2. 低功耗**

采用 Z-Wave 技术的家用设备在控制和信息交换上的通信量很小，因此 10 kbit/s 的传输速率就足够了，所以其可以使用电池供电，从而降低了家庭设备的功耗，而 Z-Wave5 型模块的休眠备用电流只有 1mA。

**3. 高可靠性与覆盖性**

Z-Wave 是一种双向无线通信技术，它能把控制和状态信息通过遥控器进行实时显示，而常规的单方向红外遥控器难以实现。Z-Wave 是一种能实现 4 个中间设备的点对点通信网络，其通信距离可以扩大到 4 倍，同时不会由于某个节点出现故障而影响其他节点，因为当第一条通信线路出现故障时，该设备会自动使用第二条甚至第三条传输线，当所有的有效路径都失效时，该设备或控制器仍能进行通信修复。Z-Wave 技术采用双向响应的传输机制，对帧格式进行压缩，采用随机反向演算法，减少了系统的失真和干扰。另外，Z-Wave 当前的传输带宽从 9.6 kbit/s 增加到 40kbit/s，并对 AES128 进行加密。在安全方面，目前与银行采用的是同一级别的安全防护系统。

**（二）Z-Wave 在智能家居中的应用**

Z-Wave 是目前国内唯一具有低成本、低功耗、体积小、使用方便、可靠性高、双向无线通信网络的短距离无线通信技术。采用 Z-Wave 控制器，可有效地控制各种电器、照明、抄表、门禁、通风、家庭网关、自动报警等。通过将 Z-Wave 技术与其他技术，如 Wi-Fi 相结合，用户可以通过手机、互联网、遥控器远程遥控家电、自动化设备，甚至门锁。用户还可以设定“情景”，如在电影院模式下，自动拉上客厅的窗帘，把灯调暗，打开电视机和放映机。由于采用的是统一的标准，因此不同公司的 Z-Wave 产品可以互相连接，从而极大地方便了用户。

尽管目前 Z-Wave 联盟已有 160 多个从业者加入，但在将来，我们仍需要 IT、通信、电子等行业的支持，以及全球各大半导体公司的参与。另外，由于结点数量的限制，Z-Wave 网络的覆盖范围及网络的互联程度都会受到影响。

## 第三节　长距离低功耗无线通信技术

长距离低功耗无线通信技术又被称作低功耗的广域网 LPWA 技术（Low Power Wide Area）。目前，该技术有两大类：一是基于授权的频谱技术，如3GPP 中的 EC-GSM、LTECat-m、NB-IOT 等；二是 LoRa、SigFox 和其他技术，这些技术可以在没有授权的情况下使用。在智能家居中，该技术的应用主要是为一些“常在线”的智能家居设计，帮助用户实现远距离访问和遥控的需求。目前，LPWA 技术主要有 NB-IOT、LoRa、SigFox、RPMA、Wi-Fi HaLow 等。

### 一、NB-IOT 技术

NB-IOT（NB-IOT）是一种以蜂窝为基础的窄带物联网技术，是一种低功率广域网络（LPWA）。NB-IOT 所需的带宽约为 180 KHz，可直接应用于 GSM 网络、UMTS 或 LTE 网络，并可采用带内、保护带或单独载波三种方式。

NB-IOT 的主要技术特点如下所述。

**（一）低功耗**

NB40T 适用于低功耗的智能家居，特别是那些需要安装电池的智能设备，因为 NB-IOT 器件的耗电量较小，因此可以使用 10 年以上。

### （二）高覆盖

与 LTE 相比，NB-IOT 的室内覆盖和穿透性能提高了 20 dB，既可以提高无线接入的可靠性，又可以满足“常在线”的需求，同时可以覆盖智能住宅中的智能家居设备。

### （三）强连接

NB-IOT 可以为目前的无线通信技术提供 50~100 倍的接入设备数，每个基站可以支持 10 万个低延迟、高灵敏度的网络连接，从而保证将来在智能家庭中，大量的智能设备可以同时进行网络互联。

### （四）成本低

随着 NB-IOT 技术的普及，NB-IOT 模块的成本将会降低到 5 美元。不过目前的蓝牙、Z-Wave、Thread、Zig Bee 等标准的芯片，售价都比较便宜，只有 2 美元。

### （五）通信距离和数据传输速率

NB-IOT 通信距离为 1~20km；最大的数据传送率：64 kbit/s 的上行和 28 kbit/s 的下行，所以适合不需要太高的数据传送率的应用。

## 二、LoRa 技术

LoRa 技术是美国 SemTech 公司开发的一种基于长周期波转换技术的广域低功耗网络技术。SemTech 是一家高品质模拟及混合信号半导体公司，它于 2013 年 8 月推出了以 LoRa 为基础的新晶片，其感光灵敏度为 148 dBm，较同类产品提高 20 dBm。LoRa 技术具有低成本、远距离、低功耗、高安全性等优点，同时 LoRa 技术还具有处理干扰、网络重叠、可扩展性等优点，并能极大地提高电池电源的使用寿命。

LoRa 技术的主要技术特点如下所述。

### （一）测距及定位

LoRa 技术可以提供不依靠 GPS 进行定位的技术，特别适合在智能家庭中进行室内定位。LoRa 技术采用了发射信号在空气中的传播时间，而非采用 RSSI 的强度值，因为 RSSI 的数据容易受到外界干扰，因此它的稳定性很低。LoRa 技术通过对一个点（终端）上的多个点（节点）的传输时差进行测量，其位置准确度可以达到 5m。

### （二）工作频率

在 868~915MHz 的 ISM 上，美国为 902~928MHz，欧洲为 863~870MHz，中国为 779~787MHz。

**（三）广域长距离覆盖**

城市通信距离为 5km，城市无人居住的城市为 15km。

**（四）低能耗**

节点能耗低。根据具体应用程序的需求，节点可以有长有短。LoRa 节点的接受电流仅为 10 mA，而睡眠电流为 200 mA，所以 LoRa 技术的电池寿命为 3~10 年。

**（五）网络部署简单**

LoRa 组网主要由服务器、网关、终端设备组成。LoRa 网关能够在同一时间内实现多达 1000 个终端节点的接入与管理。

**（六）采用变速率数据传输**

在终端节点中，采用 0.3~27 kbit/s 的数据传输速率，可以节约节点能耗。

**（七）安全性高**

采用嵌入式的端到端的 AES128 安全算法，安全性高。

**（八）成本**

LoRa 模块目前的售价为 7~10 美元，但是 LoRa 联盟自身不受版权等约束，因此 LoRa 组件的售价预计在 4 美元以下。

LoRa 技术的主要缺点在于其服务质量（Quality of Service，QoS）不高，数据传输量小，存在时间延迟等。LoRa 技术采用星形组网方式，在服务质量上不如使用蜂窝网络的通信方式，如 NB-IOT。另外，LoRa 技术的通信速率小于 27kbit/s，时延比较长，不适合实时性要求高的应用，因此适合成本低、大量连接、对服务质量和数据传输速率要求都不高的应用场合。

## 三、SigFox 技术

SigFox 技术来自法国的一家全球物联网运营商公司。SigFox 建立的网络采用的是 UNB（Ultra Narrow Band）超窄频段技术，但是它的低功耗是这项技术的一个突出特征，即它的双向通信所需的电力是 100μW，只有普通手机通信所需的电力的 1/50（通常，手机通信所需的电力大约是 5000 mW）。

当进行数据传输时，每日每台装置传送 140 条信息，每条信息 12 字节（96 位），而无线资料传送率则是 100bit/s。SigFox I 是 ISM 的免费波段，在欧洲的使用频率为 868MHz，在美国的使用频率为 915MHz。在乡村，SigFox 的通信距离是 30~50km。

在城市中，常常会碰到大量的障碍物和噪声。SigFox 是一种基于星形拓扑的可扩展性、容量大的网络，它具有能量消耗非常低、结构简单、易于部署等特点。

SigFox 很便宜，SigFox 通信芯片和 modem 只需要不到 1 美元。其低成本，使得其在全球范围内的扩张速度更快。但是，SigFox 在一个国家只与一个合作伙伴合作，没有 LoRa 联盟那样的开放。

# 第四节　其他无线通信技术

## 一、UWB 技术

UWB 技术是一种超宽带的无线通信技术。超宽带是指在系统中，新频率的比率超过 20%或新频率超过 500 MHz 时，系统带宽超过 500 MHz。由于其复杂度低、发射功率谱密度小、信道衰落小、截获能力低、定位精度高等优点，尤其适合在多通道的室内环境中构建 WLAN。同时，UWB 技术的传输速率高、容量大、共存高、保密性高等优点，使其在雷达、通信、军事等领域具有良好的应用前景。

超宽带技术的出现，使无线技术在工业应用中的传输、监控、控制等方面得到了极大的提高。

### （一）超宽带技术的组成

超宽频通信技术包括产生超宽带信号、编码和调制、放大和发射、信道传输、接收、捕捉、追踪、解调、解码等。

### （二）UWB 应用的网络结构

从网络拓扑角度出发，当前研究的 UWB 网络分为基本网和移动自组织网络两种类型。

媒体接入控制（MAC）旨在为竞争设备之间的通道访问提供一个基本的协调准则。其重点任务是研究 MAC 资源配置与服务品质（QOS）保证。

### （三）UWB 的应用

超宽带过去的用途是在军事上，但随着科技的进步，超宽带在个人电脑、消费电子、手机等行业中得到了广泛的应用，因此可以将家庭、办公室、汽车等电子设备与其他电子设备连接在一起。

## 二、RFID 技术

射频识别采用了一种由小型无线通信芯片和天线构成的设备，再加上专用的读写设备，可以通过无线方式识别出任何带有这种设备的物体。尽管它的作用很小，但它的商业价值是非常可观的，很多人都通过这种技术获得了大量资金，只是他们并没有将它放在心上，一旦掌握，他们就会明白它的秘密。

中国台北市举办的世界花卉展运用了许多现代资讯科技，包括4G通信技术。例如，游客可以戴上无线电频率识别无线通信套环，与场馆里的装置进行互动。在信息化的今天，我们可以在任何时间、任何地点，使用各种不同的软件。RFID技术作为一种商业自动化中的关键技术，其“无线”带来的方便和“实时数据的识别和处理”等特点，使其产生了许多有意思的应用。

RFID技术具有近距离、低复杂度、低功耗、低数据速率、低成本等优点。采用无线高频（315MHz、433.92MHz、868MHz、915MHz等），实现对灯光、窗帘、家电等的远程遥控。这种技术的优点是，有些产品无须重新配线，只需使用点对点的RF识别技术，就可以实现对家电、灯具的自动控制，且其安装简单，无须预先布线，更不会破坏原有住宅的美观。

RFID技术具有广泛的应用前景，但若要将其应用于市场，则需要从以下两个方面着手：建设成本、替代现有技术。下面是一些值得关注的问题。

**（一）成本**

如果在一瓶矿泉水上贴上RFID标识只需要花费0.5元，但商家就不一定能负担得起。全环境的建设也是一笔投资，若将ETC的费用换成eTag，将会产生巨大的成本。

**（二）再用与流通（开放供应链）**

如果RFID标签能够循环使用，就可以解决一定的成本问题，但是仍然存在许多问题。

**（三）标准化**

由于各产业之间的关系密切，其经营领域也十分广阔，因此RFID系统的整体建设要标准化才能更好地推广应用。

**（四）读取器的数量**

读取器的数量也会极大地影响到系统的建设和应用的费用。

## 三、NFC技术

NFC是一种短距离、高频率的无线通信技术。该技术允许电子设备在10cm的范围内实现点对点的数据传输。NFC技术最初是索尼和菲利浦公司研发的，它的工作频率是13.56MHz，它的读出方式是主动和被动，其传输速率分别是106kbit/s、212kbit/s和424kbit/s。近场通信技术已发展成为国际标准ISO/IECIS 18092、ECMA-340、ETS 102190等国际标准，并对其进行了全面的研究。

NFC技术是RFID技术与互联技术相融合的一种技术，是一种将感应读卡器、感应卡片和点对点通信技术相结合的技术。NFC技术是由RFID技术衍生而来的，但是NFC技术与RFID技术相比，可以实现双向通信和身份认证。

NFC通信通常发生在起始装置与目标装置之间，任何NFC装置都可以作为起始装置或目标装置。采用ASK、FSK两种方式对载波进行调制。NFC通信方式支持主动和被动。

在主动模式下，始发装置和目标装置分别使用其生成的RF磁场进行通信，这是一种典型的点对点通信方法，能够迅速地建立连接。

在被动状态下，启动装置持续地产生无线电频率场，而目标装置无须再生成RF场，借由感应电位提供工作所需的电力，并以相同的速率向始发装置传输资料。

NFC支持卡模拟、读写器、点对点三种工作模式，以适应不同的应用需求。

**（一）卡模拟模式**

卡模拟模式的特征在于将NFC技术的功能芯片与天线集成移动终端，从而达到无接触的手机支付。在现实生活中，手机就是一种不接触式的卡片，用户只需将手机靠近读卡机，便可将资料采集完毕，并通过无线收发功能，将资料转交至应用程序进行处理。在这种方式下，使用最多的是当地付款和电子票务。

**（二）读写器模式**

使用读写器模式，NFC设备就能像非接触式读卡机那样，利用电子海报或电子标牌阅读有关的信息。

**（三）点到点模式**

使用点到点模式，两个具备NFC功能的装置就可以实现图像交换、多媒体下载等点到点的数据传输。

NFC技术由于简单、方便、标签体积小和能够满足智能化家庭应用的需求，在智能家庭中占据了一席之地。NFC技术可应用于智能家居物件的定位和追踪，特别适合一些小型物件，如钥匙、玩具等。NFC技术也可以被应用到智能家居的穿戴装置中，比如智能鞋、智能健康腕带等。NFC芯片可以被安装到智能手机中，而且它也是智能手机的标准配置。利用NFC技术，可以轻松地读取其他NFC装置或标签上的信息，并进行近距离的互动交流。

NFC技术除了能够识别、定位、短距离传输数据之外，还可以在智能家居中实现智能家电的控制功能。此外，NFC的安全性能非常好，它可以应用于手机支付、保安、门禁等领域。

## 四、红外通信技术

红外通信技术是利用红外技术在两个点间进行秘密通信和传输，其核心部件有两大部分：红外发射系统和接收系统。红外发射系统通过对红外辐射源进行调制，再通过红外探测器进行接收，从而达到与外部通信的目的。

红外技术应用于红外线通信。实际上，红外线是一种波长为750nm至1mm的电磁波。红外线比微波的频率高，但是比可见光低，这种光是用肉眼看不到的。红外通信技术是利用红外线数据协会（IRDA）通信协议标准，其波长为850~900nm。

但是，针对其短距离、高传输方向性、低通信角度等因素，对其进行了研究。然而，它具有良好的通信稳定性、高保密性、高信息量、结构简单、价格便宜等优点，目前已被广泛应用于智能家用电器的远程控制等领域。

红外通信技术不仅在智能家居中被广泛应用，而且在家庭安全中也可以应用到红外检测技术。目前的红外检测方法有两种，一种是主动式红外检测，另一种是被动式。所谓的主动式红外检测，就是在一端布置一个红外线发射器，然后发射一束或多束平行的红外线，被红外线接收机接收，转换为数字信号，最后传输到报警控制装置。若未侵入目标，且全部红外线均能被正常接收，则无须报警；一旦有物体进入布设的监控范围，其红外干扰会被探测到，并触发警报。有源红外探测器可以安装在阳台、窗户等位置。

与主动式红外探测技术不同，被动式红外探测利用人体的红外能量与环境有差别这一特性，采用红外热释放传感器，对监测区域内的红外能量进行检测，并对其进行能量变化的分析。被动红外线除了可以入侵警报之外，还可以监控周围的人，判断家里有没有人，并自动控制灯光的开关。

## 五、LiFi 技术

LiFi（Light Fidelity）技术是一种基于光的新型无线通信技术。LiFi 通信又被称作 VLC（VLC），随着 LED 技术的迅速发展，LiFi 通信技术也逐渐发展，已逐渐成为新一代无线通信技术中的一个重要课题。Hardal Hass 是爱丁堡德国的一位物理学家，他于 2011 年 10 月首先介绍了 LiFi，并且第一次把“VLC”叫作“LiFi”。Hardal Hass 教授在工作几年后，逐渐将 LiFi 的理念从一个实验的理论转变为一个实际的成果。新型 LiFi 产品具有更小的尺寸，可以以 40Mbit/s 的速度进行双向传送，而且可以在诸如光源背面或者侧面等不需要正面光源的情况下进行可靠的数据传送。

LiFi 的主要技术优势如下所述。

**（一）方便、安全、环保**

LiFi 技术将每日的光照需求进行融合，使在有灯光的情况下，尤其有利于无线通信的应用。LiFi 技术具有很高的安全性，这是由于它的通信手段很容易被入侵，但是它不能穿透墙壁，只能局限于一个比较安全的私人空间。它的通信没有电磁波，不会造成对周围环境的污染，因而更为环保。

**（二）大容量、高效率**

当前，由于无线通信的应用日益增多，无线电波的频谱变得十分狭窄，这给今后的应用造成了很大的难度。而在 400 THz 左右的可见光频谱宽度比普通的无线电波高出 10000 倍，具有巨大的发展前景。另外，与无线通信相比，LiFi 技术具有更高的通信效能。

**（三）高传输速率**

虽然 LiFi 技术当前的通信速度很慢，但是它有很大的发展空间。从原理上来说，如果能够将频段最大化，那么它的数据传输速度将会达到 100Gbit/s 以上。因此，LiFi 通信技术的发展取得了突破性进展，LiFi 技术具有较高的传输速度，其优点将更为显著。如今，利用即时通信技术，其传输速率可以高达 50Gbit/s，即每 0. 2s 即可下载一部高清晰度的电影。

LiFi 技术是智能家居中最后 10m 的通信技术，它在将来的应用将会更加普遍。如果它能够与电力载波技术结合，通过家庭内的电力照明系统进行传输和控制，那么它的使用范围将会越来越大。

## 第五节　智能家居中的常用有线组网技术

在智能家居中，采用双绞线为总线，采用 KNX、LonWorks、RS-485、CAN 总线等为通信介质。从总线的观点来考虑，其基本拓扑是相同的，只是通信协议和接口不同。

### 一、RS-485 总线

RS-485 系列串行总线在几公里到几十公里范围内被大量使用。RS-485 系统中的均衡发射和差分接收技术能够很好地抑制共模信号的产生。因为该系统具有很高的敏感度，200 mA 的电流可以被检测出来，因此可以在千里之外进行数据传送。

RS-485 是一种在任何时间只有一点传输状态的半双工工作方式，因此需要用使能信号来完成发送线路。RS-485 是一个非常便捷的多个节点的联结方法，它可以节约很多的信号线路。使用 RS-485 型收发器，其单个通道的最大结点数量为 32 个，发射距离较小（12000km），发射速率较低（300～9.6kbit/s）；在单个节点处，它的设计简单，易于实现，维护费用低廉。

RS-485 总线布线的规范如下所述。

第一，RS-485 的信号线不能和电源线路一起工作。

第二，RS-485 的信号线可以采用屏蔽线或非屏蔽线作布线，一般采用五类以上的屏蔽双绞线，即网线。

第三，RS-485 的信号线必须是手牵手的形式，但是在 RS-485 和 RS-485 的转发器之间，任何条件都可以进行星形和树形接线。

第四，RS-485 总线一定要连接到地面上。

## 二、KNX 总线

KNX 总线是欧洲三大总线协议 EIB、BatiBus、EHSA，是目前世界上唯一可应用于家庭建筑自动控制的开放式国际性标准。在 EIB 的基础上，KNX 总线充分利用 BatiBus 和 EHSA 的物理层技术，并将 BatiBus 技术和 EHSA 技术的特性相融合，为家居和楼宇自动化系统提供整体的解决方案。

KNX 总线系统使用了开放式的通信协定，可以很容易地与第三方的系统和装置进行互联。比如，ISDN、电网、建筑管理等。它的基本实现方式有：①采用接点的方式，以输入和输出的方式进行接线；②使用 USB 接口进行连接；③为了实现双向的数据传输，使用符合通信协定要求的网关。

KNX 总线在使用双绞线和同轴线的同时，可以通过无线方式传送 KNX 总线的数据。无线通信的传输频率为 868 MHz（短波装置），最大传输功率为 25MW，传输率为 16.384kbit/s，也可以作为 IP 信号进行传输。通过这种方式，LAN 和 Internet 也可以传输 KNX 总线系统的数据。

## 三、LonWorks 总线

LonWorks 总线技术是一项先进、可靠性高、开放性和拓扑结构灵活的技术，它是实现多个现场总线的分布式监控系统，特别是为大楼的自动监控应用提供了强有力的技术支持。LonWork 总线使用 48 位 ID 神经元芯片，不受网络的数量的限制，传输距离（约 2.7km）远，传输速率（300bit/s～1.25Mbit/s）快，传输可靠性高；对于单个的结点，电路成本高，设计困难，维护费用高。

## 四、CAN 总线

CAN 总线是具有分布式和实时性的现场总线网。其网络特性是差分电压传输方式；在 CAN 总线中，由于总线节点的数目有限，在使用普通 CAN 总线的情况下，单个信道的节点数目最多为 110 个，传输速率为 5kbit/s～1 Mbit/s，而传输媒介可以是双绞线、光纤等，任意两个节点的传输范围都可以超过 10km。由于单个结点的费用高于 RS-485 的费用，所以在进行系统设计时，需要有相应的技术支持；该系统传输可靠性高，故障节点定义容易，维护成本降低。因此，CAN 总线在目前已有的现场总线技术中，具有较高的经济价值。

在这些方面，控制总线照明是一种以总线技术为主要技术的智能家庭产品。本系统主要由 RS-485 场景面板、RS-485 网络接口和 RS-485 网关组成。每个模块通过电视界面、触摸屏、手机等与主系统进行联网通信，包括调光器、继电器、以太网模块、导轨板等。该总线控制器可以集场景面板、无线场景面板、无线设备等多种应用于一体，并具有多种功能。

## 五、Mod Bus

施耐德电气旗下的 Mod Bus 是全球第一个被广泛用于工业生产的总线协议。该系统利用 Mod Bus 协议，实现了将不同厂商的控制设备在一个单一的网络上进行通信和监控。该总线的标准是自由的，适用于各种介质，如双绞线、纤维，甚至是无线网络。该总线协议具有结构简单、清晰、容易掌握的特点，方便了用户的使用。

Mod Bus 是一个包含了主从结构的网络，因此主节点必须对每个网络进行持续的访问，查找数据的变动，而非基于 TCP/IP±的以太网。此外，Mod Bus 在一条数据线路中只能同时管理 247 个地址，所以与主要控制站相连的装置数目有限。

## 六、CEBus

CEBus（Consumer Electronic Bus）是专门用于家庭设备通信的协议。该系统是美国电子产业协会与其他厂家共同开发的，是家用自动控制的一种新标准。

CEBus 旨在开发一系列通用的、廉价的、独立于制造商的、公开的家用电器协议。CEBus 把 OSI 分为物理层、数据链路层、网络层和应用层，并对其进行了分析。其物理层面可以使用多种不同的传输媒介，如双绞线、同轴电缆、电力线等，满足了多种应用的需求。

CEBus 在载波通信中使用了扩展频谱技术，在提高通信质量的基础上，提高了通信的抗干扰能力和保密能力。该网络使用完全面向报文的分组（Packet），并使用载波侦听多路访问和冲突检测协议（Carrier Sense Multiple Access，CSMA）机制，有效地避免了数据在发送中的冲突和混乱。另外，CEBus 还使用通用的 CAL 接口，使各装置能够相互存取，能够对总线的所有资源、工作状态进行即时的了解，并能对总线装置进行更好的管理。

### 七、C-Bus

C-Bus 是澳大利亚奇胜公司开发的（后来被施耐德公司收购），是一款基于计算机总线控制技术的智能楼宇系统控制产品。该产品主要用于智能家居照明、空调、火灾探测、出入口监控、安全监控、能源监控等。目前，C-Bus 已经被澳大利亚、新西兰、英国、马来西亚、新加坡、南非、中国等国家广泛应用。

C-Bus 是一种分布式、总线型的智能控制系统。该系统具有很强的灵活性，它的控制核心是主控制器。主控制器实现了控制程序，保证了总线上各设备模块间的总线通信，并通过控制总线来获取各输入组件的数据，并根据预先设定的程序来控制各输出模块。每一种设备的输入、输出均具有独立的微处理器，并通过总线将其连接起来，可根据实际情况进行灵活的编程，从而实现对控制程序的调整，因而无须改变硬件连接。

在编写程序时，主机与编程计算机连接，利用专门的软件进行编程，程序完成后，再将其上传至主计算机，而编程计算机仅负责监测，而无须电脑干预。在 C-Bus总线上，通过 36 V 的直流电源，实现了对各个设备的控制，确保了控制回路与负载的隔离，即使发生了漏电事故，也能保障用户的人身安全。此外，在 C-Bus 系统中，每个装置的输入、输出都含有该系统的运行指令，因此在断电后，该系统仍能正常工作。

## 第六节　融合有线和无线组网方案在智能家居中的应用研究

在智能家居中，信息的传输是智能家居自动化的一个关键环节，要建立一个畅通可靠的信息传输网络，需要花费大量的资金，并且很难进行建设和维护，所以采用无线技术是最佳的解决方案。无线网络具有无须布线、灵活组网、可移动控制的特点，这对已经装修过住宅的用户来说很方便，且便于他们对住宅进行智能化改造。但是，无线网络不能保证其稳定、可靠。所以，在未来的智能家庭中，无线与有线将是同步发展的，两者将会在一个系统中得到进一步的发展。

目前，在智能家居中广泛使用的无线技术有 Wi-Fi、蓝牙、ZigBee、红外通信等。这些无线技术具有如下特点。

第一，不需要人为的干涉，就可以实现数据的自动连接。

第二，节点组网方便灵活，可以不用电缆直接与控制网相连。此外，节点组网还提高了节点、终端的可移动性、网络结构的灵活性，并增加了现场应用的多样性。

第三，节点安装、维护、使用方便，可大幅减少对设备的投资、工程和维护的费用。

相比于无线通信，有线通信在智能家居领域也有其独特的优势。

第一，总线供电，可使信息和电源同时传输。

第二，安全性好。在有线网络中，所有的数据都是通过网线传输的，甚至可以说是完全封闭的，不容易被人截取。

第三，有线通信的可靠性很高，能够很好地适应各种环境，如电磁干扰、恶劣天气等环境。

第四，传送速率高。当需要进行音频、视频信号的传输时，通过有线技术可以确保语音、视频的流畅。

无线介质不像有线介质是受保护的，它存在着衰减、中断和各种失效的问题，如频散、多径时延、干扰、频率相关衰减、节点休眠、节点隐蔽和安全性问题。因此，要想达到最优的通信效果，就必须根据不同的应用场景，对各层采用的机制进行优化。

未来，若有需要，应采用智能家居的控制及传输技术、总线技术在必须布线的地方，在无须布线或面积较大的区域，可采用无线技术。通过有线与无线技术的结合，既减轻了电缆线的繁重，又解决了无线技术距离过近，信号无法穿透复杂的墙体而带来的不稳定因素，减少了布线的数目。

# 第七章

# 智能家居与网关技术

## 第一节　网关

随着智能家居行业的兴起，越来越多的公司开始涉足到这个领域，不管是浑水摸鱼，还是用心经营，智能家居行业必然将掀起一场腥风血雨，智能安防、智能监控、智能照明、智能空调、智能家庭影音等，都需要借助网关来实现产品的高效实用。网关是一种以宽带接入和语音服务为核心的用户终端，其具备的无线路由器、防火墙等功能，是运营商网络在消费端的一种扩展。

### 一、网关的发展背景

网关是指随着微电脑及宽频网络技术的发展而发展起来的一种小型办公及家庭网络装置。由于全球市场上 FTTX 的测试及商品化，许多厂商已逐渐将其理念与作用加以改进，而在 2007 年之后，国内家用网关的研发现场应用也逐渐加快，如华为、中兴、烽火等公司纷纷将家用网关推向市场。

2008 年，法国电信 Orange 公司推出了一个先进的 LiveBox 网关，整合了信息、家庭自动化控制、FMC 等功能；在 2008 年以后，由于经济因素，已经开始转变为基础型家用网关；2013 年，对 VCPE（VCPE）（虚拟家庭网关）进行了试验；到 2015 年，检验工作已经结束；2016 年，VCPE 将在 LAN 中进行部署。

西班牙电信公司 Telefonica 为其定制了两种高、低等级的网关，但因终端售价所限，其业务重点放在了低端接入；自 2012 年开始，与华为、NEC 联合开发 VCPE；西班牙和巴西于 2014 年完成了试验性测试和现网试点商用。

中国电信自 2008 年开始实施“家庭网关”；2014 年，在充分利用网络企业的成功实践的基础上，推出了“悦 me”网关，使家庭网关向智能化方向发展。“悦 me”网关是一款“光纤接入，固网语音，IPTV 接入，家庭 Wi-Fi”的智能光猫设备，具备“一键开通、快连 Wi-Fi、Wi-Fi 防蹭网、Wi-Fi 定时开关、一键测速”等智能操作功能，并提供“一键加速、智能家居控制、家庭存储、远程下载”等智能应用。而在移动终端上，也可以轻松实现以上的功能。“悦 me”网关的开放体系结构则是基于“悦 me”网关来实现多种业务的相互融合的，未来三五年，“悦 me”网关将会拥有更加广阔的发展空间。

## 二、网关的定义

网口又叫网间连接器、协议转换器，是最先进的网络互联装置，它的应用范围是以两个具有不同的高层协议的网络互联。该网关既可以应用在 LAN 互联中，也可以在 WAN 中使用。网关是一种以转变为目的的计算机系统或设备。在通信协议、数据格式或语言，乃至两个架构迥异的系统中，都有一个网关。

网关在宽带客户网中的位置：网关可以通过不同接口与接入网相连接。它能与企业的终端设备、适配器、企业网络等进行直接的网络接入。

## 三、网关的功能

网关的主要作用有两种：一是将所有的设备（LAN）彼此相连，二是把已联网的设备与其他的网络和服务（WAN）相连。

按照模块的不同，目前的网关主要包括五个方面：接入、联网、传输、核心和业务。

在这些系统中，仅有一个可以选择的业务功能，而其他的则必须选择。

其中，网关的接入功能是实现宽带用户和通信网络之间的互联互通。网关的联网功能是实现网关与宽带用户网络内部的用户终端设备的互联。网关传送功能是指实现宽带用户网络内部设备与电信网络之间 IP 包等的传送。该网关的主要功能有如下。

### （一）地址功能

地址功能的主要功能是通过网关自身端口获取地址，并且能够通过宽带用户网络内部终端来获取 IP 地址。

### （二）QOS 功能

QOS 功能是指多业务流程的分级处理转发。

### （三）安全功能

安全功能的目的是阻止外来网络非法进入宽带用户网络。

### （四）远程管理功能

远程管理功能主要实现电信运营商远程管理与控制网关。

### （五）本地管理功能

本地管理功能主要完成对网关的本地登录和管理。

## 四、网关的分类

### （一）分类方式

#### 1. 根据目标用户不同

根据目标用户不同，网关可由家庭网关和企业级网关组成，除了物理接口数目和处理能力不同外，其余都是相同的。

#### 2. 按照功能

按照功能，网关可以分为普通网关和智能网关。普通网关，也称基础型网关，其主要作用是实现互联网和语音业务的接入，在家用或企业内实现组网。一般的网关按其作用可以分成三种：一是数据网关，主要是以数据传输为主的简易路由器；二是用于传输数据的多媒体网关，它能够传输音频、视频等；三是用于实现服务和安全服务的管理功能。

智能网关是一种智能型（高端型）的网关，可以为普通网关提供所有的功能，并通过诸如中间件之类的方法来实现开放式 API（高级应用编程接口），并且可以进行新的增值业务的开发。该智能网关采用了一种基于智能化的操作系统，将网关中的业务应用插件分发到本地网关上，从而实现新的服务。

随着智能化的发展和人们对互联网的方便程度的要求日益增加，家庭网关将会有更大的发展空间。在满足了基本的功能需求后，用户会更加注重其具有的情感属性。这是“物联网时代生活”发展的一个不可避免的产物。

#### 3. 按照实现方式

按照实现方式，网关可以分为两种类型：一种是实体的，另一种是虚拟的。虚拟网关参考了“云”和“SDN & NFV”的理念，降低了网关的性能需求和配置需求，从而降低了网关的运行费用、网络故障发生率，缩短了新业务的部署周期。

### （二）总体类型

根据以上三种分类方式，网关包括实体家庭网关（实体家庭普通网关、实体家庭智能网关）、实体企业网关（实体企业普通网关、实体企业智能网关）、虚拟化家庭网关（虚拟化家庭普通网关、虚拟化家庭智能网关）、虚拟化企业网关（虚拟化企业普通网关、虚拟化企业智能网关）四种类型。

### （三）总体对比

总之，不管是智能网关还是虚拟网关，都是以不更改目前的网络架构（比如接入技术等）为基础的固网增值业务的优化。表 7-1 是智能网关和虚拟网关的对比。

表 7-1　智能网关和虚拟网关的对比

| 项目 | 智能网关 | 虚拟网关 |
| --- | --- | --- |
| 核心思想 | 提升网关的硬件能力，引入智能操作系统，后续开发多种业务插件吸引用户 | 将业务功能上移到网络侧，降低网关成本 |
| 关键技术 | 智能操作系统；<br>业务插件开发 | 虚拟网关平台部署模式；<br>虚拟化管理协议 |
| 优势 | 已有比较成熟的产品和一定的市场影响力 | 投资小，成本低；<br>方便后期运行维护 |
| 劣势 | 网关成本高；<br>需要较强的互联网业务开发能力 | 还处于研究阶段，没有成熟的商用产品 |
| 推动者 | 中兴、华为等网关设备商，小米、极路由等互联网硬件厂商 | 法国电信、西班牙电信等传统电信运营商，NEC、绿网、HP 等第三方系统集成商 |

## 五、网关的构成

所谓的“网关”，就是把嵌入式装置当作一个网关来使用。这也就意味着许多网关本身就是嵌入式设备。

嵌入式系统是基于计算机技术的系统，是以实际应用为核心的专用计算机系统，对功能、可靠性、成本、体积和功耗都有较高的要求。它与普通的计算机技术的最大不同在于硬件和软件的精简，以适应系统体积、功能、功耗、可靠性和成本等方面的需求。

在此基础上，提出了基于硬件层、驱动层、操作系统层和应用层的嵌入式系统设计方案见图 7-1。

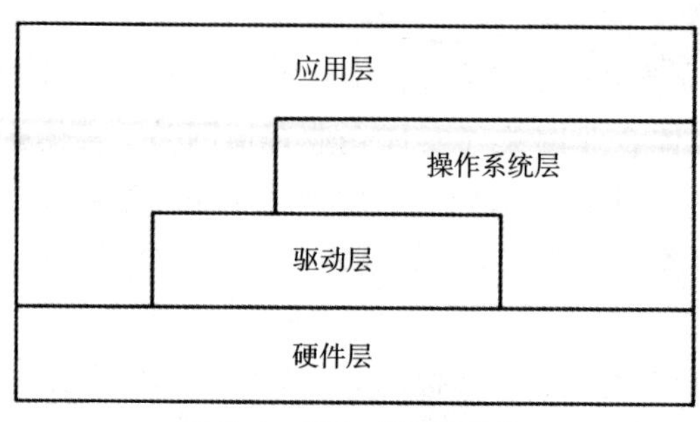


图 7-1　嵌入式系统结构

### (一) 硬件层

#### 1. 硬件层概述

在软硬件的设计上，需要针对不同的应用要求，选用适合的嵌入式处理器芯片，并提供相应的接口。

在嵌入式系统中，嵌入式处理器是一个重要的组成部分，分为嵌入式微处理器（EMPU）、嵌入式微控制器（EMCU）、嵌入式 DSP 处理器（EDSP）、嵌入式片上系统（ESoC）四大类别。

（1）嵌入式微处理器（Micro Processor Unit）。基于通用计算机 CPU 的嵌入式微处理器，其特征是：具有 32 位以上的处理器，具有更高的效能和更高的性价比。

与一般计算机的 CPU 相比，在实际使用中，嵌入的微处理器只保存与应用紧密相连的部分，去除不必要的部分，以达到最少的能源消耗。

嵌入式微处理器的优点有很多，它比一般的工业控制计算机体积更小、重量更轻、成本更低。但不足之处是，它一定要包含 ROM、RAM、总线接口、各种外设等，而这些往往会降低系统的稳定性，且降低技术的机密性。

单板计算机是一种嵌入式微处理器，它包括存储器、总线、外设等，如 STD、BUS、PC 104 等。德国和日本的公司最近几年也研发出了一套像名片大小、火柴盒一样的计算机 OEM 系列的产品。

（2）嵌入式微控制器（Embedded Microcontroller Unit）。作为一种具有代表性的嵌入式微控制器，将 CPU 与诸如存储器、I/O 口、定时计数器、中断系统等外部设备整合到一个单片上。与嵌入式微处理器比较，嵌入式微控制器的优势在于单片化、体积小、能耗低、成本低。在国外，嵌入式微控制器由于拥有海量的芯片资源，特别适用于现场控制，所以称为“微控制器”。

（3）嵌入式 DSP 处理器（Digital Signal Processor）。DSP 作为一种特殊的信号处理器，专门针对其体系架构和命令的运算法则进行处理，从而提高了编译效率，提升了指令的运行速度。DSP 技术在目前的嵌入式系统中得到了广泛的发展，DSP 应用也从以普通指令实现 DPS 功能过渡的通用单片机向嵌入式 DSP 处理器转变。

当前，DSP 的发展主要得益于各种具有智能化的消费类产品，如生物识别终端、键盘加解密算法、ADSL 接入、实时语音压缩系统、虚拟现实显示等。这些智能运算一般都需要较多的运算量，特别是向量运算、线性指针寻址等。

DSP 根据其设计方式可分为一般 DSP 芯片和专用 DSP 芯片两大类型。

通用 DSP 是指 DSP 算法中的 DSP 器件，它基于 CPU 结构，通过软件命令方式来完成 DSP 的运算。DSP 芯片在 DSP 的初期只有一个乘法器，而 Ti 的 TMS320C6000 系列的 DSP 处理器则包含八个乘法器。通用 DSP 处理器具有的通用性和灵活性，可以适用于一般的硬件架构和特定的地址方式来完成多种 DSP 的运算。DSP 处理器内存容量大，RAM 容量大，无须外接 RAM，DSP 芯片内的外部设备要少于 ARM，不能用于控制。

DSP 采用 FFT、数字滤波、卷积、光谱分析等技术实现数字信号的数字处理，具有较高的运算速度，特别适合军事应用。这种芯片如果不进行编程，自然会很贵。

DSP 按其支持的数据形式分为两种：一种是指示 DSP，另一种是浮点 DSP。

定点 DSP 处理器使用小数点的位置固定有符号数或者无符号数。相对于浮点器件，定向器件的硬件结构具有更简单、更便宜、更快速的特点。

浮点 DSP 处理器采用一个十进制的索引，其中的小数点的排列会随着一定的数字而变化。浮点技术虽然具有很高的准确度，但其代价和功耗都很大，其计算速度相对于其他位置的器件来说要慢一些。

（4）嵌入式片上系统（System on Chip）。SoC 的开发始于 20 世纪 90 年代中期，采用了专门的 ASIC 芯片。

根据总体的性能要求，嵌入式片上系统把微处理器、芯片结构、外围器件的各个层级电路、器件设计等有机结合，并通过建立一个新的概念，将系统的全部功能集成到一个芯片中。

SoC 是基于 IP 嵌入式系统及芯片为基础的一项核心技术，它把各种功能的模块整合到一个芯片。比如 ARM RISC、MIPS RISC、DSP 及其他微处理器核心，比如 USB、TCP/IP、GPRS、GSM、IEEE1394、蓝牙模块等接口，以前它们都是按照自己的能力制造而成的。

SoC 的最大特点就是可以将软件与硬件相融合，并且可以把系统的程式码模块植入芯片中。SoC 是一个高度集成化的应用程序，可以通过诸如 VHDL 这样的硬件描述来实现各种复杂的应用程序。在该方案中，大部分的部件都集中在芯片内部，从而使其结构更加紧凑，体积减小，功耗降低，可靠性得到了改善，并能有效地改善产品的开发与制造。

SoC 分为通用和专用两种。通用系列产品已经被众多的主要芯片制造商采纳和制造，比如 TI 公司的达·芬奇处理器系列、OMAP 处理器系列，飞思卡尔公司的 i. mx 系列、QorIQ 系列，NXP 的 NPX 系列，英特尔 CE4000 系列等。专用 SoC 一般是针对某个或某类系统。

**2. 网关硬件概述**

网关硬件由如下部分组成。

第一，主处理芯片：它是集成了 CPU、总线、上行处理模块（如 ADSL2+的解调器、PON 的光猫块）、PCIE、Sata、RGII 等外置接口，还有一些集成了以太网模块（PHY 和交换芯片）、语音模块（SLIC、SLAC），甚至读卡器。

第二，其他芯片：其他芯片以 Wi-Fi、语音处理芯片、Flash、RAM 为主。

第三，外部元器件，如指示灯、电压、电阻、电容等。

第四，外壳和外壳中某些必需的装置，如按键、网口设计等。

第五，配件，如外接天线、电源适配器等。

其中，主处理芯片、Wi-Fi 处理芯片是该网关的主要硬件构成。

（1）主处理芯片。在 ADSL、LAN 网关方面，以 MIPS 为主导；ARM 占 PON 网关一半的市场。MIPS/DMIPS 是一种测量芯片硬件处理能力的主要方法，它代表一块芯片硬件在 1 秒之内可以同时执行数以百万计的命令。目前，我们生产的家庭网关的 MIPS/DMIPS 是 1100，企业网关的 MIPS/DMIPS 则是 4000。MIPS 只具备了一个简单的硬件能力，还需通过软件的协同与优化来实现。没有经过最佳的优化，即使硬件能力再强大，在性能上也不会太好。

从 MIPS、PowerPC 到 ARM 的发展趋势来看，目前很多企业网关已经开始采用 ARM 技术。现在有不少的公司在使用 PowerPC。ARM 的不同产品有一个换算公式，比如 ARM9 的频率为 1. 2MPIS/Hz，ARM 的 500MHz 为 600 MIPS（500×1. 2）；ARMCortex-A9 是 2. 5MHZ/Hz 的，而 800MHz 的双核是 4000 MIPS（2. 5×800×2）。

博通（Broadcom，采用 MIPS，以 68××为主）、MTKCEconet（MIPS，以 75 ××为主）、海思（Hillsicon，采用以 ARM 为主的 511××）、中兴微（ZXIC，采用以 ARM 为主的 ZX27V91××）、马维儿（Marvell，采用 ARM，以公司网关为主，核心为 66F58）、Realtek（MIPS）及 Cortina。在众多的晶片生产商当中，Broadcom 采用的是 MIPS 技术，而大多数的厂商则会采用 ARM，除了功耗、授权费外，ARM 本身也有着非常完善的外围产业链。很多 IP 公司和软件公司基于 ARM，因此他们能够很快地把 IP 及软件植入芯片。博通尽管是 MIPS 的一个小链条，但 IP 和软件都是自己的，这也是博通为什么要选 MIPS 的原因。

（2）Wi-Fi 处理芯片。Wi-Fi 处理芯片按照标准划分，有 802. 11 g、802. 11 g/n 和 802. 1lac，每个类型都有 1×1，2×2，3×3，4×4，目前国内的主要型号是 802. 11n2×2 和 802. 1lac2×2。

802. 11g 的理论速率是 56Mbit/s，而实际上的速率一般是大约 20Mbit/s；802. 11n2×2 的理论速率是 300Mbit/s，而实际上的速率一般是 80Mbit/s；802. 1lac 的理论速率大约是 900Mbit/s，而实际上的速率大约是 400Mbit/s。

博通、高通、MTK、英特尔、realtek 等公司提供芯片。

### （二）驱动层

驱动层是一种位于嵌入式硬件和上层软件之间的底层软件开发包，它以屏蔽下层硬件为目标。

驱动层有两个普遍的功能。其一为系统的启动，包括一个嵌入式处理器和一个初始化的基本芯片；其二则是为嵌入式系统和外部设备信息的交互，提供了驱动接口。驱动程序一般包括 HAL、BSP、设备驱动程序。

硬件抽象层（HAL）是一种位于系统内核与硬体电路间的接口层，它的主要作用是对硬件进行抽象性的处理，也就是用程序来对全部的硬件电路进行控制，如 CPU、I/O、Memory 等。采用这种方式，可以避免对硬件设备的依赖度，从而增强了系统的可移植能力。

板级支持包（BSP）是一种介乎主机与操作系统中间的一种驱动层，它的主要作用是支持操作系统，并为上层的驱动器提供一个功能，以方便在硬件主板上更好地运行。BSP 与操作系统相关，BSP 的不同定义格式与操作系统相适应。

在将该装置安装到该系统之后，要在该装置上安装相关的驱动才能继续工作。此驱动程序为系统中的上层软件的操作提供了一个接口，而上位机仅需要调用驱动程序提供的接口，不需要对系统的内部运作进行任何的分析。该驱动的好坏直接关系到整个系统的运行效率。

### （三）操作系统层

嵌入式操作系统是嵌入式系统的核心部分，包括底层驱动软件、系统内核、设备驱动接口、通信协议、图形界面等。目前，嵌入式操作系统有 RTOS 和分时操作系统两大类型。

由于分时操作系统不要求严格地监控软件的工作时间，因而由此造成的时延及时序错误一般不会造成很大的影响。

在实时操作系统中，首先要做到最好的实时控制，其次是提高其利用率。实时性是对现有的各种资源进行即时管理，以便在一定程度上改善计算机的工作性能，同时能达到一定的时限和需求。实时系统是专门为某一特定应用而设计的，它可以在一定的时限之内对外界的活动作出反应。定义时间的范围很大，诸如信号处理的微秒级到联机查询系统之类的分级。

目前，常用的嵌入式操作系统有以下四种。

#### 1. 嵌入式 Linux 系统

很多家用网关主要使用 Linux，Linux 是一种在 1991 年问世的免费操作系统，用户可以通过网络或其他途径自由使用，也可以自由更改自己的源代码。Unix 工具软件、应用程序和 Web 协定都能被执行。该系统支持 32 位和 64 位硬件。Linux 是一款以 Unix 为基础的多人联网系统，其运行速度很快。这个系统是由全球数千名编程人员开发和实施的，目的是不受限于商用的软件著作权。

Linux 的创始人林纳斯·托瓦兹于 1991 年 10 月 5 日做出了一个具有里程碑意义的行动，他把 Linux 内核的源代码公开在网络上。Linux 可以说是开源的中心，也是开源的一个主要动力。

Linux 可以说是无处不在，Android 的手机也是在 Linux 基础上发展起来的，大多数的超级计算机都是采用的 Linux，而 Linux 则是大部分数据中心的支撑操作系统。我们每天使用的谷歌、百度、淘宝等都是由 Linux 来完成的。Linux 在航空控制系统中也扮演了一个关键角色。

Linux 系统之所以能够取得如此大的成就，是因为该系统的创始人公布了源代码。Linus 是 Linux 系统核心的创建人，记者曾问过他："你对自己的创造物形成了潜在的数十亿美元的财富，而你却不能直接获利，有什么感想?" Linus 回答说："嗯，如果我没有把 Linux 共享出来，我想我也不会由此得到任何金钱，所以我的意思是，这（公开源代码）是一个双赢的局面。"

Linux 系统是一款性能强大、设计结构较为合理的操作系统，它不但能够与很多商用软件相媲美，同时可以用于嵌入式系统。嵌入式 Linux 系统就是通过把 Linux 压缩到只有数 KB 到数 MB 的储存芯片或单片机中，适合于特殊的专用 Linux 操作系统。

Linux 系统已经成功地在数十个不同的硬件平台上进行了移植，并且几乎在任何主流 CPU 上都能使用。Linux 系统具有强大的驱动能力，可以在不使用 MMU 的处理器时支持各种主要的硬件设备和技术。

Linux 内核的高性能和稳定性能已经在许多领域得到证明，其被分为进程计划、内存管理、进程通信、虚拟文件系统、网络接口 5 个主要功能，其独特的模块结构可以实现对内核进行即时接入或者删除。这些特性使得 Linux 系统的内核能够很好地实现对嵌入式应用的要求。

Linux 系统是一个开放源代码的自由操作系统，为用户提供了最大的自由度。其软件资源十分庞大，用户可以在 Linux 系统中找到任何一个常用的通用程式。

嵌入式 Linux 系统是以 GNU 的 gcc 为编译器，以 gdb、kgdb、xgdb 等为调试工具，面向用户提供各种不同的应用程序。Linux 系统可以轻松完成操作系统到用户的所有层次的调试。

Linux 系统能够为各种标准的互联网提供联网的服务，且易于移植到嵌入式的环境中。Linux 系统也可以使用 ext2、fatl6、fat32、romfs 等多种类型的文件系统。

由于这些特性，嵌入式 Linux 系统目前在 Linux 应用领域占据了相当大的份额，其中最常见的就是 uCLinux、RTLinux、ETLinux、Embedix、XLinux 等。

**2. Android**

Android 是基于 Linux 系统的自由开源操作系统，它的主体是智能手机、平板电脑等移动设备，由谷歌公司和开放手机联盟联合研发。现在，Android 还没有一个统一的中文名称，中国大多数人都叫它“安卓”或者“安致”。

根据国外媒体的报道，伊琳娜·勃洛克发明了这款名为 Android 的绿色机器人。不过，她与 Android 的亲密合作并未使她出名。对于 Android 引起的公众注意，勃洛克只记住了一点。2010 年，她和 6 岁的小女儿一起去了一家电影院，看了《爱丽丝梦游仙境》。Android 的 Logo 在屏幕上显现出来，勃洛克的女儿突然站起身，喊了一声：“这是我母亲做的!”于是大家都转过身去看她们，勃洛克讪讪地往她的爆米花后缩了缩。

三年前，勃洛克作为谷歌公司的一位设计师，设计出了这个小小的绿色机器人。谷歌公司希望将 Android 应用到手机上，所以勃洛克和她的同事们必须为他们的客户提供一个容易辨认的标志。公司要求 Logo 中一定要有一个机器人形象，因此勃洛克就在一些科幻玩具和电影中寻找灵感。最终，她在洗手间入口处的男女形象中获得灵感，创造出了一个具有“罐”形躯干和带有“触角”式“天线”的小机器人。

现在，安卓已经被广泛地运用到了平板电脑、电视、数码相机、游戏机、网关等各个方面，如华为在 2016 年互联网高端展会上推出的融合型智能网关就使用了 Android4. 4. 2 操作系统，而小米在 2016 年 I/O 开发者大会上使用的小米盒子采用的是 Android6. 0。

**3. Windows CE**

从微软公司于 1996 年推出 Windows CE1. 0 开始，到 2005 年、2006 年的 Windows CE. NET5. 0 和 Windows CE6. 0。Windows CE 从 2007 年开始改名为 Windows Embedded CE，并提供了新版 Windows Embedded CE 6. 0 R2。2009 年发布 Windows Embedded CE7. 0。当前，Windows Embedded CE 的主要用途是消费性的电子设备，如智能终端。此外，微软还推出了 Windows Embedded 系列，其服务范围包括 POS、通信、工业控制、医疗等多个嵌入式应用领域。

嵌入式系统与其自定义或配置的功能紧密相关，构成了一个完整的嵌入式系统的集成开发平台。你不可能购买 Windows CE，但是可以购买 Platform Builder for CE. NET4. 2 的集成环境（简称 PB）。因此，我们所谓的嵌入式操作系统，其实就是自定义的，微软公司已经为 Windows CE 系统提供了 EVB、EVC、Visual Studio、NET 等专门针对 Windows CE 的开发工具。在 EVC 中引入 Windows CE 的软件开发包 SDK，可以作为一款专用的开发工具。VS. NET 中的 VB. NET 和 CE 还可以为智能设备的开发提供 Windows CE，不过它需要微软的 NET Compact Framework。

**4. 其他嵌入式操作系统**

其他嵌入式操作系统还有 uC/OS、eCOS、FreeRTOS. VxWorks、pSOS、Palm OS、Symbain OS、tvOS 等。

**（四）应用层**

在软件系统中，嵌入式游戏、家电控制软件、多媒体播放软件等都是软件系统应用层的基础工作。

## 六、网关关键技术

其中，连通性、业务组织、管理、Qos、安全、中间件、设备发现、资源共享等技术构成了网关的核心技术。以下将分别对上述技术进行分析。

**（一）网关连通及业务组织技术**

家庭网关的网络是指在不使用任何物理装置的情况下，能够在网络中同时连接两台或多台用户终端。网络技术既可以通过有线也可以通过无线网络实现。

在家用网关中，家居内的设备之间的互联技术必须能够满足企业的需求，并且具有很强的可扩展能力。当选用家用装置之间的网络技术时，必须要兼顾业务对带宽、服务质量和传送距离等方面的需求，同时要兼顾空中接口的安全性。

在家用网络中，有六种类型的连通性需求。家用网关可支援多种 Ethernet 与 WLAN 的无线接口，借由家用网关内部的交换功能与网络外部扩充交换器的组网模式，来配合各种连接需求。

与此同时，家用网关还能为路由和桥提供路径选择，家庭网络与外部宽带之间的宽频连接可以分为 PVC（永久性虚拟线路）与 VLAN，由此可以进行各种业务的互联。

**1. PVC 规划**

PVC 规划支持 PVC 分区，支持路由、桥接和混合模式。家庭网关采用网管、IPTV、软交换语音（含视频电话）、家庭基站（Femto）和其他数据（上网、监控等）。

**2. IP 地址规划**

在家庭网关中，IPTV、软交换语音、Femto 接入等业务均采用桥接模式，PC

和无线接入终端采用了路由模式。在桥接模式下，IP 地址一般都是通过相应的专业网络来进行规划和配置，而在路由方式上，则是通过 DHCP 服务器来实现的。本地 DHCP 在家庭网关中支持双重地址池配置，它不仅可以作为热点接入，也可以作为家庭智能终端使用，而且为了达到对终端进行分类和识别的目的，还必须提供 0ption60 的扩展功能。

**3. 业务认证规划**

支持多种业务的家庭网关，也可以使用多种认证方法。根据每个企业执行的业务界定和业务计划，为各个商业终端提供接入和认证。

**4. QoS 策略规划**

家庭网关需要为计划中的业务提供品质保障。家庭网关为终端客户提供互联网接入、语音、视频等多种业务。数据包丢包和延时的要求因服务而异。在相同的基础架构下，企业需要建立一套不同的质量保障系统，以确保在满足客户需要的同时，避免发生冲突。理论上，因为不能完全实现整体效果，所以家庭网关的 QoS 策略需要与网络侧 QoS 相结合。

需要注意的是，应用网关承载的所有流量及其中包含的任何服务都会通过家庭网关。在 DSL 访问模式下，家庭网关可以达到 20Mbit/s 的数据流，而上行速率为 1Mbit/s。即便在大规模使用诸如打印或者分享大量的内部程序时，网关装置也应当在不影响系统的情况下保证业务品质（不出现显著的延时或者数据丢失）。

针对服务质量的不同，可以采用应用型网关定义网关下承载业务的具体带宽和优先级，进而对分配给各个业务的优先级进行管理。

QoS 策略可以通过以下方法来进行创建。

（1）源 IP 和目的 IP。

（2）源 MAC 地址和目的 MAC 地址。

（3）应用程序。

创建 QoS 策略的报告，用于确定是否存在关键流量及它们所需的带宽。报告数据有助于正确地调整 QoS 策略。

家庭网关上行的 QoS 策略包括三大类：接口 QoS、IP QoS 和 WAN QoS，从而保证了每一步的服务品质。在家庭网关的产品设计中，引入了绑定端口的方式来区分大数据量的业务，因此可以通过接口处的服务 QoS 和 IP QoS 来确保 IPTV 等业务的品质。图 7-2 为 QoS 的实现流程示意图。

**（二）网关的管理技术**

一个完备的家庭网关的远程控制包括主进程、南向接口、北向接口、自动配

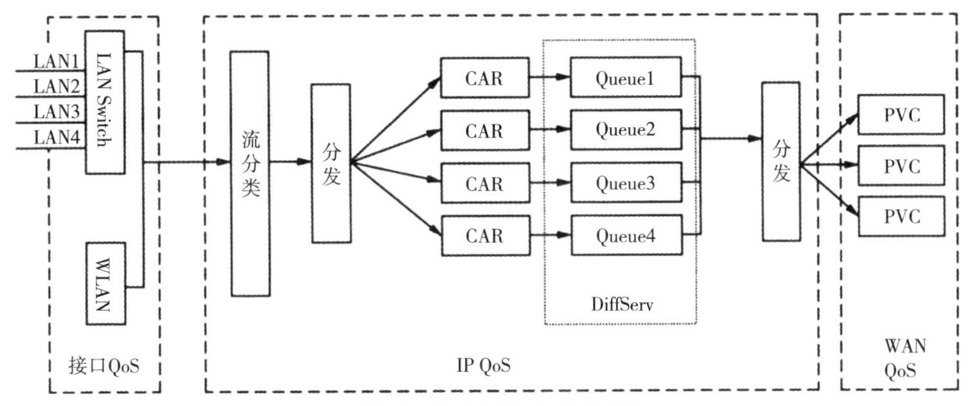


**图 7-2 QoS 的实现流程示意**

置、应用服务、数据库、文件服务等。

自动配置组件：自动配置组件主要是与各终端设备进行交互式对话，其中包含机顶盒设备注册、信息上报、设备的管理等，并使用 TR-069 对终端装置进行了管理和配置。

文件服务组件：文件服务组件负责终端软件版本、配置文件等的储存和管理，支持软件的备份、升级和维护，支持 HTTP、FTP 等数据的传送。

数据库组件：数据库组件是远程管理系统中的终端设备信息管理，对配置文件、工作计划、系统管理等信息进行组织，为用户提供检索和查询服务。为降低数据的同步和备份要求，它采用统一的数据库体系结构，实现了多个应用程序的共用。

应用服务组件：应用服务组件为用户的工作计划、参数配置模板等提供了一个人机交互的环境。另外，系统备份、监控等工具服务也能提供人机交互环境。

RMS 与 OSS/BSS 之间采用了北向接口，而电信运营商在 OSS/BSS 平台上进行服务和开发，制定 RMS 实施战略；RMS 与家用网关和用户端装置经由南向接口进行交互，从而可以对家庭网络进行远程控制。

家庭网关的核心是家庭网络管理，它接受 RMS 和当地用户的要求，并承担着家庭设备的代理和管理。它支持闪联、UPnP 等，在特定的条件下，实现了与 ED 的自动交互，如设备的查找等。

在远程和本地家庭网关中，存在着一个公共的管理抽象层，以及一个数据模式的管理模块，实现了对数据库的统一存取。主要的管理接口包括以下内容。

（1）IHG-lm 处理本地管理，是 HTML 接口。

（2）IHG-acs 处理远程管理，是 CWMP 接口。

（3）IHED-acs 处理桥接 ED 的远程管理，是 CWMP 接口。

(4) IED-HG 是 HG/ED（端设备）的交互接口，可以是 DHCP 或 UPnP 接口。

家庭网关的管理体系功能框架包括以下 7 个模块。

(1) 设备管理。

(2) QoS 管理。

(3) 安全管理。

(4) 配置管理。

(5) 硬件升级管理。

(6) 性能监测。

(7) 诊断与故障处理（报警/提示与日志管理）。

**(三) 网关的 QoS 技术**

**1. QoS 技术体系**

服务质量指的是一个具有较高的优先级的网络服务能力，包括专用带宽、抖动控制和延时（用于即时和交互流量的情况）、丢包率的改进，并且在不同的广域网、局域网和 MAN 技术下，确保每个业务的优先权不会影响其他业务的处理。该系统包括业务可用性、延迟、延时抖动、吞吐量、丢包率等一系列衡量标准。

基于包、服务分类和队列分配，家庭网关为业务 QoS 提供了保障。关键技术和流程如下所述。

第一，流分类和标记。

流分类和标记是 QoS 的重要组成部分。它支持两层、三层 QoS 协议，支持不同流的识别和标记。在网络中一般在网络边缘，根据物理接口、源地址、目的地址、MAC 地址、IP 协议或应用程序的端口号等技术，利用接入控制列表 ACL 等技术将报文 IP 报头的 TOS 字段设定为报文的 IP 优先级，还可以将 IP 的边沿设定成 IP 的优先权，以此来改善网络的处理速度。QoS 也可以根据不同的业务类型来进行标注。

当前，家庭网关使用不同端口的 PVC 或 WLAN 来实现对业务的识别。ADSL2+模式的设备可以为 PVC 提供绑定端口，使各种业务终端能够在不同 PVC 上行的 DSLAM，DSLAM 根据 WLAN 方案把 PVC 变换成 WLAN。

第二，流量控制和带宽保证。

流量管制和带宽保证是为了控制网络中的数据流和信息的突然性。在满足一定的频宽条件下，如果连接的数据量过大，那么网络将会自动丢弃这些数据，并对其进行重置，以保证特定的网络资源能够被提供足够的带宽和服务。对于特定报文的传输限制，通常使用 CAR 协议（CAR），比如限制 FTP 和 P2P 消息，其所占的带宽不得大于50%。如果你希望限制流出网络的某一连接流量报文，你将会使用流量整形。

约定访问速率CAR使用令牌桶技术来进行带宽的分布和度量。基于流分类和标识的效果，家庭网关根据数据流的特性，对各种数据流进行了不同的分配，在网络资源的使用率超出所需资源时，提出了一种基于数据流的调度方案。

第三，队列调度。

当出现网络拥挤的时候，家庭网关会使用队列调度机制来解决多个消息同时对网络中的数据进行资源的竞争的情况。在没有堵塞的情况下，数据会在到达该界面之后立即传送；在报文的到达速度超过接口发送消息的速度时，接口会发生阻塞，队列调度按照一定的方法将分类报文发送给其他的分组，对具有高优先级的分组进行优先处理。根据问题的特点，使用了不同的队列算法，得到的结论也不尽相同。

支持上、下行流统一作队列管理，支持PQ、WRR、WFQ、WFQ等多个队列的调度方式，并包含SP和WRR两种主要的调度算法。

**2. UPnP 的 QoS 结构**

UPnP QoS是一种基于策略的服务质量系统，它可以在网络中建立各种规则，以解决网络中出现的问题。

**3. 家庭网关的 QoS**

在通信行业的技术规范中，还给出了以公共电信网为基础的宽带用户的网络服务品质的技术要求，并给出了QoS技术架构的参照模式，如图7-3所示。

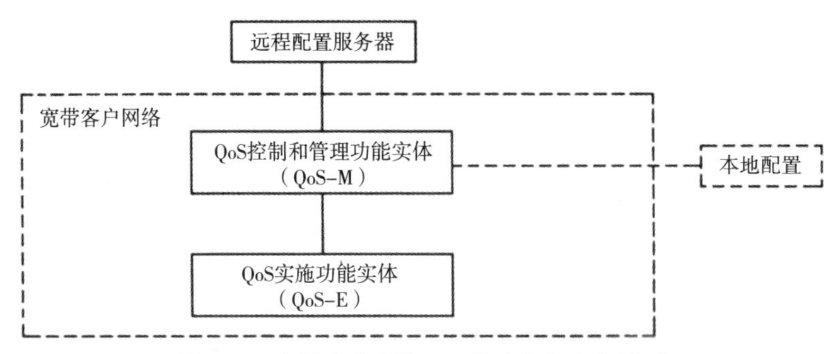


**图7-3 宽带客户网络QoS技术框架参考模型**

QoS控制和管理功能实体（QoS-M）主要负责宽带用户的服务质量管理，其中包括QoS策略管理、QoS认证、QoS统计分析、QoS服务的管理；在QoS. M的控制下，QoS实施功能实体（QoS. E）主要由流分类技术、流整形技术、排队与调度技术（包含拥塞控制技术）、流标记技术、QoS统计等组成。

远程配置服务器是指远程配置宽带客户网络中的 QoS 策略。QoS-M 的 QOS 策略需要远程配置或者本地配置。

基于以上 QoS 技术体系结构，提出了基于 UPnP QoS 体系结构的家庭网关 QoS 体系结构。在中国网关中，为了使 Qos Policy Holder 与 QoS Manager 相融合，还需要将 UPnP 的相关协议和 UPnP 定义的 QoS 流程在局域网中进行实施。因此，UPnP 的 QoS 策略必须与其他的端口进行区分。

该架构的核心在于以下两点。

第一，QoS Manager 策略分类器可以对各种类型的终端进行统一的计划与管理，从而达到流分类、标记、流量控制、队列调度等 QoS 保障策略。

第二，提供 QoS Policy 策略控制器，通过对外部管理员 QoS 策略配置进行响应，对 QoS Manager 策略分类器进行控制。

在对外接口中，根据不同的端口类别（LAN、SSID1、SSID2、SSID3、UPnP 等）来执行。需要指出的是，SSID3 访问资料并不由 QoS 策略分类器来控制。

**（四）网关的安全性技术**

家庭网络中有三类具有安全性需求的网络设备：家庭网关本身、接入家庭网络但只能通过家庭网络接入公网的设备、接入家庭网络并且具有其他公共网络接口的设备。在家用网络中，有下列的安全性战略与计划来适应各种安全性需求。

**1. 防火墙功能**

在一定的范围内，家庭网关防住了网络的攻击，为其内部的局域网提供了较为可靠的网络环境。该网关具有接入控制、报文过滤、防 DOS 攻击、防端口扫描、防非法报文攻击等能力，并具有本地网络安全日志功能。网关的作用是保证防火墙内的信息流通。

防火墙功能支持隔离区（DMZ），为 DMZ Host 主机提供了查询功能。

**2. VPN**

家庭网关支持 IPSec 和 VPN 协议。然而，VPN 仅在企业中使用，因为其需要占用很多资源。

**3. 认证鉴权功能**

用户可以通过用户名加密码来进行认证。其中，用户名和密码是一种最简便的身份验证方法，是由颁发机构签发的数字签名，也可以保存在硬盘、智能卡等媒介中。

**4. WLAN 接入安全**

家庭网络中可用的 WLAN 标准有 WAPL 和 Wi-Fi 两种。

Wi-Fi 的全名为 Wireless Fidelity，是一种以 IEEE802.11b 标准为基础的

WLAN，是一种在办公和家庭中使用的短距离无线技术。该技术因其自身的优点而深受生产商和用户的青睐。无线网络无须布线，室外无线通信最大距离为300m，室内有障碍时的最大距离为100m，并能与现有的各种IEEE802.U设备相适应。

无线局域网鉴别与保密机构WAPI包括无线局域网认证基础结构WAI和无线局域网保密基础结构WPI。WAI基于椭圆形曲线的公开密钥认证体系，在认证服务器ASU上，实现了STA和访问点AP之间的双重认证，为用户的安全性政策进行了磋商，确认用户的身份、控制接入等。以上技术的需求在中国WLAN国家标准GB15629.11中进行了阐述。

其中，加密技术、访问控制技术和认证技术是实现无线安全接入和传输的关键技术。

**5. 接入控制**

为了保证家用网关在某种程度上具备信息传输的安全性，它可以通过IPSec、SSL、TLS、HTTPS、SSH等技术实现，而网关可以实现VPN的功能。

**6. 目的地址控制模块**

通过家庭网关目的地址控制模块，可以为用户设定一个定制的控制方案，其控制方式可以是时间、应用及时间和应用的组合。

### （五）网关的中间件技术

由于家庭网关纷繁复杂，业界建议采用一种新型的家庭网关。在系统的软硬件方面，将分别设计开发。在软件方面，主要采用中间件。中间件是一个比较普遍的应用程序，但其主要目的在于实现特定功能。运营商认为，一种由运营商完全独立地管理的跨平台、统一功能的家庭网关软件是其核心内容。在产品的定义、设计、研发中，运营商已经将其延伸到整个产业链，并对其进行了更多的开发与管理，使其能够更好地为自己的商业服务提供支持。

### （六）设备发现和资源共享技术

家庭网络内部的设备互联由家庭网关支持，遵从UPnP UDA 1.0《UPnP（TM）设备架构》或SJ/T 11310《信息设备资源共享协同服务　第1部分：基础协议》的规定，完成设备与设备之间的自动发现和自动配置。

**1. UPnP**

UPnP是一种能够在全世界范围内，通过点对点的联网（P2P）来完成的智能设备。UPnP的应用范围非常广，可以满足许多新颖的、令人兴奋的需求，其中包含家庭自动化、打印、图像加工、音像、影音、厨具、车联网、公众集会等网络。

UPnP 协议要求由一个家用网关来提供、连接和管理家庭网络中的 UPnP 终端的业务。

UPnP 是一种分布式、开放的网络化体系，它可以将 TCP/IP 技术和网络化技术的优点完全结合起来，既可以与现有的网络进行无缝连接，又可以在不同的网络中进行传输。UPnP 架构采用了基于协议的方式对企业进行定义，因此在任何时候都可以使用 UPnP 架构。

UPnP 规定了两种装置：一种是受控制设备，另一种是受控制点设备，它能根据控制点的要求来安装两种不同的装置。

UPnP 装置的使用包含以下内容。

（1）分配 IP 地址。受控制设备根据 DHCP 或 AutoIP 协议获得 IP，并根据需要判断和处理 IP，完成对装置的命名和地址的转换和维修。

（2）设备发现。设备发现分为通告和搜寻两种形式。通过设备类型、设备编号等的信息向控制台发出通告，并由控制台通过搜索方法来发现受控制设备。

（3）描述。描述形式表示的是设备信息，包含设备类型、设备识别号码等，以 XML 文档的格式来实现。

（4）事件。当控制点发现被控制的装置并得到其说明时，这个应用程序可以通过发起事件的方式来完成。

UPnP 是一种基于家庭网络 IP 的链路层，它可以在不使用任何驱动的情况下，通过通用的协议来实现一个应用层的网络连接。UPnP 以 TCP/IP 为核心，不会对家庭网络 LAN/WAN 的内部连通性产生显著的影响。

**2. 闪联**

随着有线和无线技术的不断发展，从内容到终端，实现了网络化的全产业链。闪联，即信息设备资源共享协作服务（IGRS）的简称，IGRS 亦称作闪联标准。闪联技术是基于通信及内容安全性的新一代网络资讯装置的一项新技术及接口规范，可在不同装置间进行智能互联、资源分享与合作。

闪联公司以其自身的技术规范为基础，构建自主品牌，对提升中国 IT 产业的核心能力起到了至关重要的作用。

闪联技术是非常先进的，其技术内容如下所述。

第一，在 IGRS 的基础上，实现了 IGRS 多平台的移植。

第二，设计实现各种基于 IGRS 的软件开发平台，其中包含 AVProfile、FileProfile、驱动下载 Profile 等。

第三，该系统的主要内容有 Wi-Fi 的智能发现及接入配置、直接路由功能、网络接入共享等。

第四，提供平台支撑环境，即包括组件注册、自动更新、运行监控等的IGRS相关组件管理平台。

闪联技术标准具有以下优点。

第一，多平台支持，适合多种终端装置使用。

第二，Profile对多个应用的框架提供了支持。

第三，DRM技术强大可靠，能够有效地保障信息安全和版权。

第四，闪联技术具有很好的可扩展性和兼容性，它与UPnP是单向兼容的。

随着PCP厂商和电视机厂商对传统的闪联标准的关注，提出以PC和TV为核心的家用互联网系统的设计方案。与UPnP类似，Flash基于TCP/IP，不会对LAN/WLAN的家庭网络连接带来明显的改变。

## 第二节　智能网关

### 一、智能网关产生的背景

随着物联网、大数据、云计算等技术的不断发展，智能家居产业也在飞速发展。智能网关是家庭网络系统中的重要部分，它是家庭物联网的核心访问与管理装置，是家庭内部和外部进行信息交互的关键部分。

随着网络VoIP和移动电话服务的不断发展，固网语音业务也在不断下降，运营商固网的重心也由语音转向了宽带接入。但是，即使是发展宽频业务，也会出现增速减缓或“增量不增收”的情况，若只限于发展宽带“管道”，运营商就难以融入“信息化”这一主流领域，难以形成可持续发展的新机遇，因此转型已成为运营商的重要策略。

在4G牌照发放之后，中国移动再次跻身三大运营商之首，中国移动将获得宽带业务许可，其垄断地位也将进一步扩大。但不管怎么说，三大运营商都是全业务运营商，移动、联通和电信的竞争越来越大，也越来越激烈，它们必须确保移动和固网的发展，同时要保持两条腿的协调。

在此背景下，智能家庭，即家庭信息化、数字家庭或家庭网络，已成为全业务运营商充分发挥其宽带接入的优势，是面向未来的家庭用户提供的一种面向未来的解决方案。

受新一代智能家居观念的影响，我国家庭宽带市场出现了以下三个主要的变革。

第一，家庭终端由单PC发展到多终端，家庭Wi-Fi成为刚性需求；智能手机、平板电脑、IP摄像头等智能硬件正迅速在家中普及，每家平均3~5台，都要用家庭 Wi-Fi 接入运营商宽带网络。

第二，多终端，多业务交互，对家庭内部的网络提出了更高的要求，而家用网关则是一个连接中心和集中控制点。PC、手持终端和智能硬件的出现，产生了以家庭网关为核心的家庭内组网。家庭成员照片共享、智能家居控制等业务，使家庭网关又一次朝着家庭控制中心的方向发展。

第三，智慧家庭正处于百花齐放的发展时期，其需要的家庭网关是开放的、快速叠加的、能够自我管理的。可以想象，传统的烟囱式商业模式将逐渐被淘汰，智慧家庭业务也将如移动互联网般百花齐放，并形成自身的生态系统；开放架构的家用网关、开放架构的业务平台、加载插件的业务使能方式三者结合，将会是一种全新的商业发展模式。

对于所有的家居信息化服务供应商来说，要想取得成功，必须要在家中搭建起一个信息化的平台。电信运营商从用户访问设备 CPE 到智能家居的访问管理与控制中心，主要有 CPE+路由器和智能网关两种途径。运营商采用的是智能网关，而网络厂商则采用 CPE+智能路由器，利用电信运营商的宽带信道，将各自的路由器进行重叠。

运营商也可以通过 CPE+路由器来开发独立的家庭管理控制中心（如智能家居网关、家庭存储服务器、路由器等），但本质上与增强 CPE 并无本质的不同，只是在产品形式上和接入“猫”（Modem，调制解调器）分开还是集中的表现。还有一种方案则侧重于发展诸如 IPTV 智能机顶盒等家用媒体通信终端的能力，以提供家庭娱乐通信及非个人计算机的信息解决方案。

以往，电信运营商与互联网公司的竞争，都没有太大的胜算。这一次，他们不约而同地将智能网关作为家庭信息化的门户，胜率如何，值得期待，希望能规模化覆盖接入用户群、特色业务，以凸显电信运营商的差异化服务和竞争优势。

## 二、智能网关的发展

我国的智能网关发展最初并没有受到电信运营商的大力支持。随着 xDSL 技术的广泛应用，无线路由出现在了零售业中，同时电信公司开始在家庭网关上安装无线路由器。虽然家庭网关整合了某些增强功能（如 USB 存储、绿色上网），但是并未被运营商用作附加的功能或服务（法国电信的 Live Box 已经具备了智能网关的基本要素）。苹果凭借智能手机操作系统，将计算机变成了移动电话，以智能硬件为基础的用户入口，不断扩大其增值业务，再加上光纤入户、物联网、云技术、大数据等技术日益成熟，为家庭信息化创造了良好的条件。

随着智能手机和平板电脑的迅速发展，以 TP. LINK 为代表的无线路由器已经在家用 Wi-Fi 领域中有了一定的规模。从功能性终端转向到智能终端的无线路由器，小米、极路由等网络企业纷纷高调推出多种家用智能路由器，强势占领了家庭入口。

智能路由器和传统的路由器的最大区别就是它拥有独立的数据传输、应用程序安装、数据存储等功能，同时具有一些智能设备的交互作用。把路由器当作一个智能家庭的切入点，这个主意不错，但是实际操作起来却有问题。首先，智能路由器在智能家居网的信号接入上没有任何问题，但在智能设备的管理和联动上，却出现了一些问题。其次，在设备的自组网能力、抗干扰性、安全性等问题上，智能路由器仍然受到了挑战。但随着互联网公司的不断更新和升级，智能路由器、智能外设、业务平台、移动 App 等的连接问题也得到了很好的解决。

与此形成鲜明对比的是，由于运营商掌握了 CPE，所以想要将所有的功能都装在一个盒子里，集中控制和管理家里所有的智能设备都需要通过智能网关，从而担负起智能家庭的管家职责。

## 三、智能网关的概念

所以，智能网关是什么呢？实际上，就像智能手机，“智能”这个词很难被准确地界定，最终的定义常常是用户认同的一个事实。在这个领域，智能网关并没有一个明确的概念，关于它的功能和作用，每个人都有自己的答案，有人把它叫作智能网关。

也曾有人在网络上做过类似的调查。那么，对于许多网民来说，一个理想的智能路由器应该具备什么特性？调查结果显示，82.55%的网民希望智能路由可以在 App 上进行管控，76.59%的网民认为应该进行局域网和远程的安全管理，71.13%的网民希望可以通过无线网络进行智能家居的控制，64.02%的人希望智能路由能播放分享无线影音，62.12%的网友希望智能路由能拥有简易应用。到现在，网民们期待的各项功能都已基本实现，并在持续优化中。

与智能手机相比，智能网关应具有良好的交互界面、开放的丰富应用、用户DIY。在行业中，通常是把网关和一个云管理平台相连，再由智能手机 App 实现它们之间的互动。

从现有智能网关（包括智能路由器）的产品和用户的预期来看，智能网关总体上具有以下特点。

（1）基于传统的家庭网关。利用调制解调器 Modem 实现 WAN 的接入，为电信运营商提供 IPTV 专网、VoIP 专网、远程管理专网等服务；支持无线路由，便于家用终端或设备访问家庭局域网和广域网。

对于电信运营商的家庭网关，它也具有远程管理功能，以确保安装和售后的维修。

（2）有操作界面，增加了云端管理的智能性。通过智能手机的管理客户端，可以让用户更好地利用智能手机的红利来提高管理的便捷度；这种管理模式可以通过局域网与智慧网关进行直接的互动，但是更主要的是通过云端管理平台实现随时随地的互动；管理平台自身不但可以提升网关的能力（如为用户提供定制网关的插件商店），还可以实现用户与合伙人的管理，通过网关的插件，为更多的合作者提供增值业务或功能平台，从而实现强大、便捷的家庭服务。

（3）可对外部网络进行管理，主动告警。另外，云管理平台的另一项重要功能是确保网关伺服系统的可访问性，使用户在任何时间、任何地点都可以进行主动操控，同时可以收到平台推送的紧急事件的互动消息。

（4）智能感知。智能网关本身就是家居流量的中枢，它通过对数据的感知和智能手机等智能传感器的集成，与大数据平台共同构建智慧家庭的感知（采集）中心，为智能化管道、智能化运维和智能化业务提供服务。

（5）用户可定制。智能需要扩展第三方插件，就必须有智能网关操作系统和外挂商店，而用户可以下载、安装第三方插件，将网关转化为自己定制的网关（比如存储网关、智能家居网关等）。

（6）可扩展和终端协同。由于家庭用户的需求不同，智能家居的应用要求有多种多样的终端参与，因此智能网关必须具有可扩充的硬件和终端的协作功能。通常，硬件扩展由 USB/SATA 等的硬件总线和局域网络（W）LAN 来实施，而通常采用软件（如插件）来实施终端协作。

（7）承载或协助实现智慧家庭服务。其内容如下：

①为用户提供智能生活所需的服务，包括娱乐、智能家居、安全、网络安全、健康、教育、家庭交易、家庭交流等。

②运营支持服务，包括家庭网络运行维护、家庭 IT 系统资讯或家庭设备、设施的维护。

③互联网延伸或定制服务，包括整合互联网内容、应用程序等。

④ 局域网服务，包括多屏交互、私有云、局域网协作等。

## 四、智能网关的影响

智能网关究竟会给电信运营商带来怎样的冲击？首先要从智能终端对电信运营商的业务发展产生的影响进行比较分析。电信运营商定制的终端通常具备下列四项特征。

第一，网络属性：作为网络的用户端设备，终端必须支持网络访问标准的演化，因此，它也是智能管道感知与控制的端点；同时，它还可以直接提供网络协议的转换和扩展，而用户服务终端也可以提供网络的切换和融合。

第二，业务属性：在引入第三方应用的前提下，终端还必须支持增值服务或应用产生环境，并为第三方提供终端自身和后台的核心能力的应用程序调研接口。

第三，用户入口属性：终端通常是用户的“第一接触界面”，需要通过用户的注册和登录来管理用户，通过 UI 来提升用户的操作体验，同时是一个承担应用发布渠道的开放终端系统。

第四，终端产品属性：终端是具有成本和市场属性的产品，电信运营商通过规模效应、设计、品牌等来提升产品的性价比，并通过运营和售前、售后服务（安装、运维等）来降低成本，提升价值。

下面将从网络延伸、业务或服务、开放应用环境、用户和入口、大数据的关键采集点、产业链影响和智能网关社会化的可能性六个角度讨论智能网关在宽带业务中的作用。

**（一）网络延伸**

网关天生具有网络特性，因此它必须支持网络接入方式的演化。目前，我国宽带接入发展的主要方向是光纤入户。随着宽带中国战略的深入，三大电信运营商之间的竞争激烈，4K 视频等高带宽的服务需求不断增加。未来几年，光纤用户将会持续快速增长。

随着 WAN 端带宽的快速发展，对用户端接入网的要求也在不断提高，双千兆（千兆以太网、双频 Wi-Fi）已成为高端家庭无线路由器的标准配置。即使这样，用户也会有需要通过 Home Plug 或者 G. hn 来扩展 Wi-Fi 和以太网的需求。与此同时，ZigBee、红外遥控等智能家庭的协议通常都是需要支持的，而现在通常都是由 Dongle（USB 外接硬件插件）或者协议转换器来完成。

从功能和协议上看，对于局域网或个人网络设备的访问控制有着更深刻的战略意义。相对于移动网络（除了少数几个直接利用移动网上行的网关设备），宽带网络通常仅限于访问点，对于家中的设备如何组网、连接质量等几乎一无所知，这就给部署和运维带来了困扰。而当能够实现对家中设备的访问进行云端管理的时候，网关就具有了移动网络基站的特性，而 BAS 则是与移动网络 GGSN 的宽带接入服务相关。

OVUM 在 *Digital Economy* 2025：*Telecoms Networks*（《2025 年的数字经济：电信网络》）中从数据库、OSS/BSS，核心网、城域网和接入网五个维度分析了移动网络和固定宽带网络，从目前的情况看，这两种网络已经完全独立，到 2025

年，二者之间的障碍将会消失，数据库将会彻底整合，其他四个维度的融合度会逐步下降，而接入网络的融合则会变得更加困难。总之，只要企业能够通过智能网关牢牢地控制住家庭网的覆盖，那么他们就可以利用 SDN/NFV 技术来推动固移融合。

**（二）业务或服务**

那么，智能网关能够为用户办理哪些业务和提供哪些服务？电信运营商能否利用这些业务与服务来提高 ARPU？要说明的是，在没有智能网关的前提下，智能家居的各种服务都可以被实现，所以智能路由器才会获得一定的成功。值得一提的是，智能网关为电信运营商搭建了一个简单的智能家居门户和服务器端的增值业务平台，不仅为那些需要融入家庭信息化大潮的电信运营商提供了更多的渠道，同时帮助大家实现了通过依托自身企业信誉，来构筑“大众创业、万众创新”服务智慧家庭的新局面。

不同的电信运营商可以在不同的业务切入点上进行选择，下面这些业务和服务将成为许多运营商的关注重点。

**1. 家庭无线局域网覆盖**

用户购买无线路由器（包括智能路由器）最关注的要素是 WLAN 体验，超过 90%的家庭都有 WLAN 接入问题，主要是由于网络的覆盖率（如果不是违反规定增加了功率或者使用了中继器，很难完全覆盖三室及以上的房间）、性能（在 4K 和家庭储存的情况下，Wi-Fi 性能不过关，会影响视频和文件的传送），以及干扰（2.4G 频段的无线网络干扰很大，不适合承载视频等高带宽要求，并且由于相邻环境的干扰，性能会急剧降低）。高端智能路由器通常支持双频覆盖，随着 WLAN 中继的日益普及，有些运营商（如中国香港电信盈科）已将家庭 WLAN 覆盖打包为一种特殊的付费业务。相比于互联网智能硬件制造商，运营商在多 WLAN App 之间实现无缝切换、多终端干扰规避及精细化时空管理（QoS 管理）等方面具有很大的优越性。

**2. 家庭网络安全**

在消费者购买无线路由器时，网络安全问题一直是他们关注的焦点，而 360 路由器正是凭借其安全品牌和低价产品的优势，在众多智能路由器中脱颖而出。传统网关在用户访问、设备接入等安全问题上都作了充分的考虑，而智能网关可以在下列几个方面实现。

提高安全防范：当网关发生安全事故时，智能网关可通过 App 通知用户注意或处置。

提升安全处理效率：智能网关可以通过情景化的方式，如客人访问，根据实际情况，安全、便捷地制定相应的处理程序。

提供安全业务或功能：如今云端处理能力越来越强，甚至能够分析手机用户对触摸界面的使用习惯，所以一些家长控制业务或者实现高校绿色上网等功能也成为了可能。

提供安全增强手段：随着网关深度数据包 DPI 探测技术的逐渐成熟，它还实现了一些其他功能，包括能够识别设备和数据流、能够提供第三方研发的安全插件应用，以及能够覆盖各种复杂的安全领域，如恶意网站拦截、在线杀毒等。

安全支付：智能网关具有 NFC、USB 扩展等硬件扩展的安全支付能力，同时具有通过“本地接入安全+手机安全”的方式进行离线支付的可能性。

**3. 家庭存储**

NAS 作为一种相对传统的家庭服务，在新的技术和新的要求下，将会有更多的应用场景；电信运营商可以在家庭内容服务中纳入家庭存储，在整体解决方案中为客户提供不同的业务，其中包括从单一的云储存业务扩展到网络、本地结合的新型存储模式；推动网络电视服务和网络内容的共享；积极开发 CDN 节点下沉技术，实现了家庭存储的云端化，对 CDN 进行了有效的补充；固移融合，为手机照片等移动网络终端的自动备份保护服务（家庭监控）；根据内容的存储与访问，对用户的消费行为进行了研究。

**4. 智能家居与安防**

在很多智慧家庭的商业和应用中，智能家居和安全是整个产业链中最受关注的部分。当前，智能家庭与安全行业面临的问题有：体验差、产业链长、安装维护困难、商业模式需要不断创新。

智能网关支持智能家庭和安全行业的发展有两种模式：浅度参与模式、深度参与模式。

浅度参与模式：利用 USB 拓展的 ZigBee Dongle 及相应的插件，减少了智能家居和安全设备的费用，并将其融入手机 App 中，提高了用户的使用体验满意度。

深度参与模式：在智能网关上建立一个开放的、深度的产业链合作的智能家居与安全监控系统，其中大部分的智能家庭和安全装置不但可以在这个平台上实现插头和使用，还可以和其他的智能家居和安全装置在一个统一的系统中迅速地建立用户所需场景。

因为这条产业链的复杂程度较高，目前还不知道哪一条路能走到最后，但运营商在浅度参与模式的基础上，根据自身的中立、服务和入口的特点，积极地探索自身的深度合作模式，因此仍然处于一个积极而且容易有所作为的阶段。

**5. 智能管道**

基于网络的智能管道是电信运营商最显著的优势，而家庭的终结点和连接中枢都是网关，它的加入将会大大推动宽带智能化的发展。由于缺乏网络智能化，智能路由器厂商通过 LAN、QoS、本地缓存、VPN 创新等技术，为设备加速和应用加速。若运营商能够将 VPN、CDN、接入网带宽加速（包含下行、上行）与网关局域网加速相结合，保证服务带宽的性能，并使其得到进一步完善和增强。实际上，虽然光纤入户之后，接入带宽有了显著的提高，但是对于宽带体验非常敏感的服务需求，如下载、高清在线、4K 电视、视频通信、云上传等，都需要更强大的智能管道能力、更具灵活的商业模式，才能达到多方共赢。

除了对更多的智能管道进行开放与集成外，运营商还可以利用智能网关来提升用户对流量的感知，其中最典型的技术就是利用网关的深度包探测来识别业务流，其中包含但不限于用户、终端类型、应用类型、相关 URL 等。

**6. 智能运维**

在终端的管理方面，运营商网关相对于零售市场的优势是终端的远程管理，但是，从网关到智能网关的发展是一个渐进的过程，在发展的早期阶段，由于维护范围的扩大及新问题的层出不穷，导致故障率大大提高。目前，一种基于智能网关实现智能化运营的方案问世了。在这一点上，零售业的智能路由器也走上了一条新的道路：它们不仅可以通过云管理平台来进行部分的远程管理，还可以通过用户的自管理来减少运行的工作量。

对电信运营商来说，通过智能网关在智能运维中的支持作用，构建分层智能运维系统，不但可以极大地提升运维效率、降低运维强度，而且可以为未来的开放运维服务，为智能家居、家庭安防等设备供应商的代管和代维服务奠定基础。

**（三）开放应用环境**

虽然在上文中列出了许多适合发展的业务和服务，但是用户对智能家居的期待更加广泛。所以，建立一个开放的应用环境，让第三方能够完全参与进来，就显得尤为重要。

谷歌推出的 Android 操作系统是最常见的终端开放应用，但是很多人都希望将 Android 从智能手机中移植到智能网关或者智能路由器中，但最终的结果惨不忍睹：不仅系统资源消耗比传统的无线路由器高，而且 Android 在智能手机上的屏蔽性能也没有任何优势。因此，在智能网关中，最常用的开放式应用环境就是基于 Open Wrt（开放无线路由器的缩写）或者 OSGi（开放业务网关组织）进行定制或扩展。表 7-2 大致比较了三种操作系统（OSGi 不能单独工作，但可以在嵌入式系统上构建）。对于电信运营商而言，因为本身没有自己开发的终端产品，而且在集中采购时，也想让更多的设备制造商参与竞争，所以 OSGi 就是一个很好的选择，是以牺牲一定效率来换取更多可移植性的合理选择。对于互联网智能硬件制造商来说，基于 OpenWrt 或者 Linux 定制的开放环境可以提高最终的产品性价比，但是由于各种智能网关路由器的独立运行，为整个智能家庭产业链的蓬勃发展埋下了隐患。

表 7-2 终端开放应用环境

| 项目 | OpenWrt | OSGi | Android |
| --- | --- | --- | --- |
| 概念 | 中立、开源无线路由器 Linux 版本，支持各种硬件架构、功能齐全（3000 多个软件包）、易于修改（可写文件系统）、易于定制（模块化） | 开放业务网关的标准，是一种基于 JVM 技术的中间件标准（软件运行环境），已经定义了许多具体服务（bundle） | 谷歌开发的手机操作系统，广泛应用在手机、媒体终端上 |
| 应用成熟度 | 极路由、小米等多个互联网厂家采用 OpenWrt 进入无线路由器领域，并正在努力基于 OpenWrt 定义私有 API，并提供编译环境引入第三方开发者 | AT&T、德电、西电、法电、NTT、KQDI 等运营商采用，中国电信和移动也要求；国内设备商已经能支持 | 非常成熟，是智能手机、PAD 等带屏设备或支持高清接口的终端采用的操作系统 |
| 优点 | 资源消耗小，插件运行效率高，硬件要求及成本更低；开源社区活跃 | 由标准化组织牵头制定了统一的运行环境、下载安装管理流程及 API（应用程序开发接口）；插件可以在所有 OSGi 通用 | 谷歌制定了标准的 API，灵活性、开放性都非常好，生态链完整，目前从业人员众多，业务应用非常丰富 |
| 缺点 | OpenWrt 本身不是一个中间件架构，没有标准的执行环境和 API 定义，开发者门槛高（需要系统配套 SDK），开发的插件在不同 OpenWrt 上不通用 | 目前在国内欠缺成熟的业务应用，还未获得广泛的业务内容提供商的支持；资源消耗比 OpenWrt 大 | 对于网关类“无线路由+无屏微型服务器”终端没有适配版本，现有版本不仅大部分功能无用，而且不支持无线路由器本身的很多功能 |

当然，建立网关开放应用环境，意味着仅开启了智能网关本身的功能，距离真正的智慧家庭开放硬件能力还差得远。因此，在智能家居的各种智能硬件（如网关、机顶盒、手机等）的开放基础上，建立一个协同的、开放的生态环境，将

成为整个产业链共同的能力。

**（四）用户和入口**

很多智能硬件发展的初衷都是靠智能硬件来吸引和留住用户的，除了站在金字塔顶端的苹果公司，他们在硬件上获得了巨大的利益，但更多的人却选择了反其道而行之：为了吸引更多的用户，他们会不惜付出零利润，甚至是负数。虽然在一般情况下，电信运营商并不擅长智能硬件，也很难吸引风险投资“烧钱”，但在宽带市场上，用宽带业务收入去倒贴接入终端，而用户依然是访问者（几乎没有人会记住自己的 PPPoE 账号）。所以，智能网关就成了测试运营商能否向智能家居转型的一个重要标准：既然硬件不赚钱，能否通过智能硬件来吸引用户、留住用户，同时从接入服务商转向智慧家庭解决方案或者增值业务提供商呢？

因为智能网关的操作界面与功能模块是分开的，所以“用户的第一接触面”（入口）操作起来就比较容易了：开发 App，创建新的账号系统。在这一点上，小米是很好的榜样，小米在做智能路由器的时候，主要是做智能手机的，而小米在推出智能硬件的时候，也做出了很大的贡献，那就是将小米的账号分配到了用户身上。最初的时候，小米想要通过“米聊”来提高账号的知名度和用户的活跃度，但因为竞争关系，“米聊”并没有发展起来，而小米的小米账号则被小米公司推广到了小米的生态圈中。小米公司推出了许多新的智能硬件，有独立的 App，也有集成到已有的 App，所以账号对于实现人与设备的联系是至关重要的。

电信运营商要做智能网关，在家庭信息化市场上提供增值业务和整体解决方案，通过统一的账号进行入口聚合，逐步实现以用户为核心的服务，使电信运营商构建一个生态圈，扩大其市场规模，只有如此，它的硬件价值才能真正的体现出来。技术上，统一账号的实现并不困难，只需要设置一个账号规则，然后在 Auth2.0 中引入一个针对用户和功能平台的权限管理机制就可以了。事实上，电信运营商也曾涉足宽带增值业务市场，但由于时机、体制、垂直业务策划、运营等诸多因素，其与网络服务供应商相比，毫无优势可言。因此，借助智能网关，立足开放和生态，打造一个统一的账号，从现有的垂直领域开始，可以在盘活现有的僵硬资产的基础上，开创一个崭新的市场。

在入口 App 上，也许存在着关于集中还是分散的争议，但这并非重点。一旦有了一个统一的账号，分分合合的功能和操作界面就可以被清晰地划分出来，从一开始的单一业务到现在的规模，再慢慢地从运营数据上判断出用户对这一模式的偏好。用户的经验与效能一直是运作的核心，或许以用户为导向的模块式自定义聚合将会是最后的解决方案。

### （五）大数据的关键采集点

企业要想建立一个开放的生态系统，就必须有自己的竞争优势和核心能力。在部署智能网关时，需要从数据采集中提升管线的智能化，并扩大与大数据相关的运营价值，这是一个需要电信运营商重视的技术切入点，即网关深度包检测。

DPI 是根据数据流特性来识别数据流的技术，通常需要较高硬件需求，因为当前的家庭网关（路由器）的硬件性能正在不断提高，DPI 技术也在不断地发展，因此在现有的硬件上，通过适当的裁减和云端支持，能够使 DPI 能够更好地完成 DPI 的功能。因特网终端商也可以开发 DPI 功能，但是相对来说，因为 DPI 可以迅速地与智能管线的建造相结合，所以它在需求的紧迫性和应用范围上都有很大的优势。

DPI 是智慧家庭、智能管道和大数据的基础，对于发展 DPI 具有无可替代的战略意义。

第一，智能家居的关键在于服务，而服务精细化的基础是感知精细化，智能网关 DPI 不但占领了智慧家居的入口，更是为其提供了强有力的支撑。

第二，利用软件对智能网关进行深度数据包探测，可以极大地提高运营商的智慧管线的性能。该系统不但直接与用户、设备和应用相关联，还通过网关控制直接实现了智能管道的管理，并且由于数据的采集是在用户入口进行的，因此可以实现对用户的直接管理。

第三，智能网关 DPI 将成为未来大规模数据收集的重要策略。几乎所有的智能家居都与互联网相连，而在这些智能手机中，与信息有关的数据价值是最高的；相关研究显示，LTE 设备消耗的 Wi-Fi 数据占总数据的 75%～90%，其中 80%的 Wi-Fi 数据都集中在宽带家庭，所以用户运营商一旦具备从智能网关中获取智能手机行为数据的功能，那么 LTE 设备 60%以上的上网行为数据都会被获取，这对于移动用户来说是非常关键的。

一旦建立了网关 DPI 功能，它的成本几乎为零，同时为应用创新提供了强大的支持，创造了巨大的经济效益。

第一，智能路由器制造商在发展 DPI 插件时，面临着规模受限（高成本）、应用受限（缺少智慧管道管控能力的支持）的困境，运营商一旦开放，自主研发很难在市场上形成竞争力。

第二，由于分布式的、基于软件的 DPI 插件在实现了一定的规模之后，其成本几乎为零。

第三，具有广泛的精细化感知能力。

当前，网关 DPI 仍存在着一定的业务模式和技术瓶颈，其整体解决方案仍处在技术成本和业务价值之间的博弈阶段，其核心内容具体如下。

第一，DPI 通常是在 Linux 系统的核心层工作，它不但会影响到网关的吞吐量，还会影响整个网关的稳定性，同时会导致在不同的硬件环境下进行集成。

第二，当前许多网关芯片都有硬件加速机制，因此在硬件加速过程中，数据流很难进行统计，而在没有硬件加速的情况下，转发效率（吞吐量）就会下降，因此要实现一个比较完善的技术方案，必须有芯片制造商的支持。

第三，虽然可以看出这些数据蕴含的潜在价值，但是要想在短时间内实现这些价值，还得继续摸索。如果再进一步，则可以利用协作功能的引入或插入式开发来获取部分家用终端的行为数据，该芯片的 CPU 必须具有 2000 DMIPS 以上的 CPU，其中包括特定应用的开发、监控和加速应用程序，终端类型识别应用程序，特定网络安全应用等。该替代方案的最大问题在于，收集到的用户行为资料并不完全，且不够及时，因此在与智能管道相结合时，会有种种局限，影响其长期发展。

**（六）产业链影响和智能网关社会化的可能性**

对于三大电信运营商来说，由于中国移动在移动用户市场占据绝对优势，并且在宽带市场上处于较晚的地位，因此采取极低价格（每天 1 元）的方式来降低电信、联通的固网盈利；对于电信、联通来说，它们要做的，就是在不损失宽带的前提下，以固网融合来推动移动用户的发展。虽然三大运营商面临着激烈的竞争，但是依然具备发展智能网关的动力，再加上具有吸引力的智能家居概念和巨大的市场空间，对于移动通信运营商来说，2017 年是一个快速发展的时代。而三大运营商在智能网关上发展智能家居服务的水平，与各大运营商的战略投入、发展策略、企业文化有关，我们可以拭目以待。三大运营商若能就智能家居产业链中的关键环节进行合作，或在技术上作出相同的选择，则将会对整个产业链产生正面的影响。

在 4G 刚刚起步的时候，为了迅速激活 4G 网络的流量，电信运营商投入了大量的资金来补贴终端，而在那时，电信运营商的定制机也非常流行。但是，因为自身制度，直到今天，电信运营商也和台式机网络一样，成为了移动网络的渠道，整合了网络基因的手机厂商或参与到了手机生产的网络公司中，在智能移动终端上占据了一席之地。相比之下，xDSL 技术兴盛之时，xDSL 或网关就跟 3G 手机一样，只是那时的网关还不具备智能，只是给人发了一个通信模块。相比于手机，电信运营商可以通过光接入模块的放装来提高智能网关的门槛，但是如果终端设备不能满足用户的要求，那么它就会被当作猫用户，将一台智能路由器安装到自己的局域网中。

或许，经过几年的竞争，智能路由器会和智能手机一样，变成一个开放的市场，而智能网关则会被彻底的社会化，但在此之前，运营商必须把自己的智慧网关当作一个开放的平台。如果现在想要把成熟的智能路由器的优势引入进来，不妨考虑一下开发一个定制的智能路由器，探索双赢的合作模式。

电信运营商与互联网智能路由器供应商通过 Auth2. 0 的统一认证机制，实现了用户和资源的共享；用户可以在统一的身份验证下，既可以作为运营商的用户，又可以利用集成的客户端获取不同的应用或者业务访问的入口，从而达到对整个产业链中的所有资源的调用。网关通过预先安装 DPI 插件、加速插件等功能来保证运营商的业务利益。而网关操作系统和有关插件的维修工作，依然是由智能路由器提供商来维持的。

智能网关对宽带服务的影响并非单一的产品或特定的服务，而是关系到运营商从宽带接入到宽带增值生态的转变。虽然没有智能网关和智能路由器，甚至不需要路由器，但许多特定业务都可以被实现和部署，是将访问功能与智能路由、控制功能放在一个箱子中，还是放在两个箱子中，都不是重点，重点在于运营商如何整合资源、推广业务。如果运营商没有对自己的业务进行整合、开放的心态，那么最终仍然会保持“渠道是渠道、业务是业务”的低效局面。

在短期内，智能网关将主要影响宽带增值服务的发展；从长远看，它还可以为中小型企业提供更多的访问和增值业务。

在所有技术都已准备妥当，且“光改”也已基本完成时，希望电信运营商能把握时机，放开手脚，将宽频的潜能发挥到最大，不再只看从业者间的竞争，更要看智慧家庭的整体生态及互联网公司的蓬勃发展，把握住商机，实现永续发展。

# 第八章

# 智能家居的应用

## 第一节　智能家居的安防

当在人力资源、社会资本、传统（交通）和现代化（ICT）通信基础设施方面的投入可以促进可持续发展和高质量的生活，并且通过分享活动及交往能明智地管理自然资源时，我们就可以说该城市已发展至智能城市。事实上，只有实现在重要信息和通信技术基础设施中的技术飞跃，智能城市的发展才有可能得以实现。就智能城市处于未来互联网（FI）愿景前列而言，是可以实现的。涉及智能城市环境最相关的未来互联网基础支柱有以下几类。

第一，物联网（IOT）：定义为以标准通信协议为基础的、仅有的能够判别互联对象的全球性的网络。

第二，务联网（IES）：定义为灵活、开放和标准化的使能器，能促进整合各种应用程序至可共同互操作的服务设施，以及利用语义对来自不同服务供应商输入源及格式的数据和信息进行理解、组合和处理。

第三，人联网（IOP）：设想为人人都成为到处存在的智能网络的一部分，并有可能进行无缝连接，从而互动和交流涉及人们自己及社会背景和环境的信息。

物联网的应用领域是家庭、运输、社区及国民。因此，我们参与该愿景可以始于各自家庭，由此引进智能家居的应用。

20 世纪 70 年代中期，在家居市场上，智能家居主要倾向于控制和操作家电设备、家庭安全防护装置及围绕个人的生活模式。近年来，由于我们的环保意识和健康观念发生了变化，这一倾向正在转变为能源节约和护理，特别是为残疾人和老年人提供安全和保障，便于其进行自我管理，同时提供了实地和远程监测的医疗服务。这主要是因为其有助于支持残疾人在自己家中以个人偏好和选择保持独立生活和自我管理，同时能协助家庭护理人员，并且有可能节约费用，即降低昂贵的私人护理及亲自求医诊疗的费用，或避免支付机构照顾的昂贵费用。

此外，一旦在家中设置了智能家居，就能够获得由系统联通的其他服务提供者给予的多种服务。总之，如果消费者能接受，智能家居最终会被证明是非常有利于提供涉及系统的智能家居服务设施的所有生产商（包括建筑商、电信设备供应商、电信公司和有线电视公司），同时消费者可以获得相关利益。在过去的两年中，服务供应商（包括电信公司、有线电视公司、安保公司和能源公司等）都推出了按月收费的附加智能家居服务设施，用以管理能源使用或安全监控用户居室。

智能家居的范围现已扩展至安防、控制、节能和保健四个方面，而这四个方面的某些技术使能器是通用的，从而能彼此得以加强。通过整合这些方面的物理、网络和应用水平，就能最佳显现智能家居的含义。该“整体”的理论优于“局部”的概括。物理是指电缆布线、设备空间和基础设施维护，主要就是指 Cat 5e 或 Cat 6e 结构化布线，以及作为共同网络的 Wi-Fi 网络。不同应用程序的数据将被存储于不同的数据库内，如健康档案和访问控制，以及在同一网络不同层次冗余的器具状态。中介软件可用于将通信联络整体引入全系统，并提供多个用户界面。

如果“智能家居”被定义为“楼宇自动化”住宅的延伸，那么“安防”就是最大的共同特性。常规（安防）系统（包括警报系统、闭路电视、紧急警报、运动传感器、可视门铃电话及探测器等）同样适用于楼宇及建筑小区。所有这些都可以通过智能家居联系起来以提供一个整体的解决方案。本节将先介绍闭路电视和安防警报系统，接着介绍居民和访客的车库门禁及访问控制、可视门铃电话系统，然后介绍住宅小区内所有这些设施的连贯性。预订设施及资产管理均包括在该类内，因为其可与门禁控制及安防系统结合在一起讲述。

## 一、闭路电视及安防警报系统

家居安防警报系统由门磁、玻璃破碎传感器、窗磁、高音警笛、超声波运动传感器及烟/气探测器组成。全部的装置都是由有线或无线媒体与控制器相连的。多数智能家居控制单元只提供有限数量的安防接触点。整体分析需要第三方安全解决方案。本书将详细描述智能家居如何能强化其功能，而不赘述在市场上存在了几十年的传统警报系统。那些富有经验的用户都知道其家庭生活区被划分为不同区域/入口/出口，以便于安排布防和撤防标识。你可以在入口大门旁的控制板上布防警报，但在这之前，你必须警戒或关闭所有区域，除非可以省略。一旦这些传感器中的一个被小偷触发，警报器就会被激活，并会启动呼叫保安公司。然而，这里有四大缺点：第一，用户很难记住每个区域的位置；第二，不方便仅在一个位置进行布防和撤防；第三，不容易忽略或绕过某一区域，除非已设置了先进的装置，如夜间探测警报器可在夜间忽略某些传感器；第四，如果真的发生非法闯入的情况，走出卧室是危险的。但所有这些都可以通过智能家居来综合解决。

第一，在平板电脑上标绘的平面图可以显示哪个区域尚未布防。

第二，在平板电脑上设置区域省略比较容易。用户可能想要省略某一区域，如在就寝时间开着阳台门，但仍然想要对系统进行布防。

第三，警报系统的布防和撤防不仅限于在控制板上实施，还可以在任何地方使用平板电脑或智能手机激活或解除。

第四，当非法闯入或火灾发生时，用户通过电子邮件或电话接收警报。

第五，在晚间火灾发生时，可把灯打开，寻找一条逃生之路。

第六，在火灾发生时，关闭电梯运行，开启安全门。

第七，支持多区域。

第八，通过状态指示信号对安防系统展开布防和撤防。

第九，一旦安防区域被触发（如正门发生非法闯入），相应的安防区域将突出地显示在平面图上。

第十，解除警报需键入密码。

同时，闭路电视系统（CCTV）作为一种安防系统，已经成为大部分住宅和建筑中必不可少的装置。依据小区的规模，在保安站或者具有录影作用的大型控制室内，监控区域内所有的视频信号。建议使用以 IP 为基础的监控系统，它能够全面地使用目前存在的各种信息技术基础设施，减少与摄像机相连的电缆数目，增强网络的安全程度，能够做到远程系统访问，整合机房的空间，将其与其他技术系统集成。监控摄像头可分为固定单一角度的摄像机、具有平移/倾斜/缩放（PTZ）云台的摄像机和 360°全景摄像头。模拟信号的视频传输是通过同轴电缆，而数字信号的传输是通过非屏蔽双绞线，或对于特别远程的传输，是通过光纤电缆来完成的。在一台显示器上观看多个模拟摄像机的视频需用多路复用器，并使用视频处理软件，而不是使用数字 IP 摄像机。数字硬盘录像机（DVR）可以进行视频录制，并可以数字化模拟视频信号，以及用作多路复用器。对于需要更多功能的状况，可以采用视频服务器。这是一个带视频管理软件的数据网络服务器，它能开发出多种功能，如远程监控、模拟或数字输入，在图片中检查运动和进行视频分析。通过将智能家居的闭路电视与安防系统进行整合能为用户提供许多益处。当某一区域（假设在居民公寓的阳台）发生非法闯入，就可能会触发警报器，并响起警笛。然而，居民或保安可能无法马上知道非法闯入的确切位置。居民可在控制面板上重置警报器，而通常情况下控制面板都不安装在卧室内。万一真的发生非法闯入，就会导致居民有暴露的危险。对于智能家居，在非法闯入区域的视频将会在个人电脑或平板电脑上弹出，并在夜间会开启照明。居民就可以监视和记录全部非法闯入的情境，如有需要，可打电话报警，或关闭在平板电脑上的警笛声。

另一种应用程序是闭路电视与射频识别（RFID）系统的整合，这对于在小区内跟踪来访者是非常有用的。在车库入口处的闭路电视可以记录车牌号码，以复核射频识别标签属于在该处已登记的车辆。其次，访客在前台登记时将会拿到一个射频识别标签。当访客经过安装在闭路电视系统不同位置的射频识读器时，闭路电视的视频信号就会跟随着访客，记录下访客的路径。这样可以确保来访者有没有进行其他意图的徘徊。此应用程序也可用来保护巡逻保安。闭路电视可以跟踪每位保安携带的射频标签上的信号。时间进度表上任何不规则的偏差都会导致安防管理屏幕上弹出相应的视频，接着就会出现救援程序。

大多数闭路电视与视频分析功能一起作为附加模块，它可被用作人员计数器来察觉“尾随者”，此词语描述的是在某位持有特许通行卡的人身后紧跟着的一位未获授权的人。人员计数器功能可根据实际占用情况来优化大厦或空间内的空气质量和能源。这是智能家居通过与安防系统的整合在节能方面应用的一个例子。

## 二、车库解决方案

以往广泛采用 13. 56MHz 近距智能卡识别车辆。然而，在入口处司机必须打开车窗，并将卡靠近读卡器。超高频射频识别（UHF RFID）标签是一个更加完美的选项，因其具有较长识读距离，并具有可穿过挡风玻璃的更佳可读性，但是射频发射功率必须予以调节，以避免误读后面车辆的信息。必须协调好大门车辆出入闸口的顺序。大门闸口在第一辆车经过后，运动传感器发出指令将其关闭。然而，第二辆车可能会在栏杆放下来之前驶入，所以栏杆必须再次迅速升起，或者第二辆车必须等到栏杆完全回归至水平位置，同时信号灯发出指示才可通过。

### （一）门禁系统

#### 1. 在汽车挡风玻璃上安装标签

挡风玻璃贴纸（WS）利用的是玻璃的介电性能，因此如果它不粘贴在玻璃上就不会起到特定功能。然而，一旦将其粘贴在玻璃上，就很难在不损坏标签的情况下将其撕下。把挡风玻璃贴纸粘贴在挡风玻璃上，通常会使读取范围保持在7 英尺或者更短距离之内。建议将挡风玻璃贴纸粘贴在挡风玻璃的底部，该区域通常没有天线或除霜器电线及涂色。

超高频读卡器是一种读取无源标签的高频（915MHz）、远距（9~11ft）读卡器。它主要设计用于车辆自动识别应用程序。在其他情况下，该读卡器还可以“悬挂”在天花板上。但须确定该建筑物的天花板的高度不超过9ft。当读取标签安装在车辆上时，建议始终将超高频读卡器安装在高于车辆7ft以上的位置，并向下倾斜朝向标签位置。许多集成商使用的标准摄像机架来能调节上下及左右角度。

**2. 安防及门禁系统**

门禁系统确定哪些人能够进门或出门，哪扇门可用，以及白昼和夜晚的哪段时间被准许使用。它还可扩大至保安人员的考勤和访客的记录。此处所举的例子主要注重非接触式或智能卡技术的近距或射频识别门禁卡。读卡器连接至控制器，而该控制器又连接至IP网络上的存取服务器。存取服务器的初始配置控制器，可同步持卡人的数据库，并执行监控和管理功能。电子门锁是根据居民、访客和保安人员的授权级别而进行控制的。以太网供电（PoE）能对读卡器、锁及门磁开关提供动力，从而节省布线安装成本，并消除了单路电源供电的问题。下列是IP门禁系统的若干典型特征。

第一，实时监控本地和远程门禁、报警事件。

第二，在紧急情况下，打开所有的门。

第三，根据持卡人、人群和时间编程控制智能门禁。

第四，持卡人激活和取消激活。

第五，根据日期，卡自动过期。

第六，防折返区域。

第七，凭密码控制管理菜单。

第八，事件类型分为事件显示、电邮通知、示意图、视频显示和声音等用户选项。

第九，用户定义的门禁报告。

第十，用户定义的输入/输出关系。

第十一，数据导出采用Excel和文本文件格式。

第十二，事件报告导出采用Excel、HTML及PDF文件格式。

**3. 考勤**

该系统可以用于以下方面。

第一，根据用户规定的时间段报告个人工作时间、迟到、缺席及加班情况。

第二，由持卡人定义工作假期、工作时间、休息时间。

第三，管理人员对考勤数据的修改。

第四，功能键的用户定义。

第五，数据导出至 Excel 和文本文件，用于与企业资源规划（ERP）和工资等其他系统合作。

第六，报告转换至 Excel、HTML 和 PDF 文件。

第七，支持休息时间的管理。

### （二）访客管理

访客管理功能通过临时访客登记的方法管理访客的进入。发给访客一张准入区域的智能卡，根据输入的有效期及时间，该卡到期自动失效。

#### 1. 智能可视对讲门铃

模拟可视对讲门铃正逐步被数码可视对讲门铃取代，这已是一个发展趋势。虽然前者也可以像后者一样提供录像、缩放及黑光，但前者的能力有限，必须将视频信号转换才能输入至移动电话或平板电脑之类的设备。以 IP 运作的对讲门铃可以与无数的本地及远程显示器分享视频，并可进行简单的日常维护。远程监控需要一个静态 IP 地址，由于大部分互联网服务供应商提供给家庭用户的都是动态 IP 地址，一个被称为动态域名服务（DDNS）的服务系统会分配一个域名给用户的 IP 摄像头。IP 对讲门铃与显示器可在 IP 网络上进行连接，作为“门禁控制”。任何平板电脑通过有线或无线配置都可转换成监视器。

现代 IP 对讲门铃系统能顾及下列因素。

第一，无限的容量。

第二，在任何平板电脑上显示视频。

第三，通过互联网远程查阅。

第四，电子信息显示。

第五，视频（快照）和语音捕捉。

第六，以太网供电（POE）。

第七，支持 Wi-Fi。

第八，支持平移、倾斜和缩放。

第九，在监视器上显示紧急报警按钮。

第十，入口门释放按钮。

第十一，视频捕捉访客图像。

第十二，在监视器上显示管理处的公共启事。

第十三，在监视器上显示管理处的私人讯息。

第十四，与护理人员进行即时通信。

第十五，与其他居民进行语音通信。

第十六，平板电脑/上网本（UMPC）控制智能家居系统。

第十七，有些型号可配备麦克风，接收语音信号。

网络电话（VoIP）技术允许将访客的图像和音频同时发送至多个居民 IP 终端设备。除此之外，管理处不仅能传呼，而且可将音频流和文字信息多路径传送至所有居民的显示器上。显示器上可整合和控制门禁的触点闭合设备。

**2. 智能邻接**

智能邻接是将系统的所有部件整合为每户住户使用一个通用的射频识别标签。然后，住户可以携带同一标签进入车库、电梯及入口门禁。

智能邻接由四个步骤组成。

步骤 1：使用住户射频识别卡进入车库。

步骤 2：在电梯内使用住户射频识别卡，电梯内的嵌入式读卡器会读取住户信息，然后“按”相应的指定楼层。

步骤 3：在门口展示射频识别卡，读卡器能识别出该住户，并将门打开，然后启动预设的最喜爱场景，如打开走廊灯和音乐播放器，以及拉上窗帘。

步骤 4：利用平板电脑预定会所设施，并凭射频识别卡使用设施。

**3. 预订设施**

使用互联网预订设施相比使用电话或互动式语音应答系统（IVRS）有下列优势。它可成为门禁控制安防方案的一部分。

第一，简化预订手续：即时预订会议室、餐厅和俱乐部的其他设施。

第二，自助服务方式：允许所有住户自助预订，并降低管理开销和成本。

第三，杜绝双重预订：实时查核预订情况，杜绝了潜在的日程安排冲突。

第四，生成报告：根据个人、部门、公司和用户的房间使用率记录，生成逐项使用情况及成本报告。

第五，总量控制和安防：综合门禁管理及行政控制，易于使用和理解。

结合门禁系统，当已预订设施的住户在门口嵌入式读卡器旁展示他们的智能卡或射频识别标签卡后，该住户便可使用其预订的设施。其具体功能列示如下。

其一，检查及确认住户身份，只允许在设施预订系统中确定预订的住户使用。

其二，住户可以使用智能家居控制里面的设施。

其三，允许设施预留时间，如预订时间的前后 15 分钟。

其四，使用情况报告（如按小时/周/月/室的设施生成使用情况报告）。

其五，如有需要，计费信息将被发送至会计系统。

用户界面使用平面图，能让用户更加易于掌握。有些控制程序可以预先设置（如场景设置），在入口处签到时将会显示在平面图上。为节能起见或在客户管理方面，当所预订的时间段结束后，所有照明或空调都会自动关闭。

**（三）资产管理**

建筑小区需要管理全部有价值的设备数据，包括型号、序列号、位置、供应商、保养期、性能记录等。在管理之前，我们需要识别、定位及监控所有事项。条形码已经在识别和库存控制方面应用了近三十年，但是使用光学扫描器只能在清晰视线下每次读取一个项目。然而，射频识别标签可于无视线下读取或写入多个项目。无源标签能完全应用于库存控制和区域基本位置检查，而有源标签可以提供实时的位置检查，但成本更高。

资产管理计划可成为公司的企业资源规划（ERP），这是业务级软件平台的一部分。每个带有无源标签的项目信息都可以借助无视线要求的手持读卡器进行确认，它可以采用 Wi-Fi 无线网络把数据发送到服务器上。使用库存管理软件可以监测位置和使用情况。

第一，自动化的签入/签出：采用签入/签出方式，资产经理能完全控制及可见每项资产移入或移出某一区域的情况。签入/签出可以同时处理一项或多项资产（当大量资产移入或移出该设施时）。

第二，按需资产可视性：从任何远程位置都能用在线控制面板实时监控资产。

第三，资产受到侵害及发生异常：当资产受到侵害时，控制面板可使用户有能力采取行动。

第四，警报：警报和通知工具可设定不同类型的通知。

第五，库存管理：能用更高的精准度和速度实施库存审计和库存管理，并制订库存报告（资产存货清单、使用及维护报告）。

每当带有无源标签的设备经过入口处的读卡器时，其位置将在记录中更新。读卡器可以挂在门上，而放置于地下的天线垫或围绕着门框的天线都可以连接读卡器。

## 第二节　智能家居的节能

商业建筑的最大能源使用方式为照明，其占主要能源使用总额的 1/4，而制热和制冷约各占总额的 1/7。家居的最大单项能源使用方式为制热、制冷及照明。智能建筑的绿色元素包括节能性能的优化、二氧化碳监测、系统的可控性和设计创新。其中，有些元素适用于家居。

事实上，通过谨慎的生活习惯和消耗监控可以节约空调、加热器及照明系统的不少能源。最简单的方法就是更换 LED 灯泡，更换使用配有调光功能的开关，这既可节约能源，又可延长灯泡寿命；在使用空调时辅以风扇，安装智能温控器；等等。现代的调光器多基于晶体闸流管、晶体管或硅控整流器（SCR），这些通常都是由数字控制系统进行控制的。照度（光照）传感器大多是基于硅光电二极管，通常是以光电模式进行控制的，并与放大器耦合一起使用，从而提供均衡的输出或用于继电器动作的二进制数字信号。涉及智能家居的节能可以通过下列方式来实现。

第一，自动窗帘控制（窗户镀膜），以减少日光的热量，或通过照度（光照）传感器利用自然光来实现自动窗帘控制。

第二，通过运动传感器检测室内占用情况，以控制照明开/关。

第三，通过智能电源插头监控能源消耗，从而进行控制。

第四，通过时序安排和运动传感器关闭照明、加热器及空调。

有线或无线均可付诸实施。本节将介绍可扩展至几百个设备、低功耗和低延迟的 ZigBee 网络。ZigBee 照度传感器能够根据阳光和热度的增加拉上窗帘，从而在不降低空调预设温度的情况下保持舒适的室内温度。另外，其光电控制可以测量自然光和环境光，并调整照明以保持不变的光度水平或减少人工照明的需要，该过程被称为“日光采集”。

当无人占用时，运动传感器可以调节室内温度。目前，有三种类型的运动传感器，它们分别是超声波、红外线和微波。超声波和微波传感器发出脉冲来测量移动物体的距离，而红外传感器通过寻找体热来测量距离。微波传感器甚至可以判断移动物体的大小，从而能忽视宠物的走动。大多数应用程序都使用双重技术，以避免误测。当预设时间段无人占用时，两种技术均可关闭空调或提高温度。当运动传感器检测到占用情况时，预设温度就会得到恢复。在冬季，对于加热器情况的基本原理正好相反。由于 30%的家居能源用于空间加热，所以我们建议使用智能恒温器来控制加热器。在房间中使用温度传感器测量环境温度，通过打开和关闭锅炉阀门或执行器来保持设定温度，在一段时间内还可以执行多个温度。智能温控器有四种类型：有线、Z-Wave、ZigBee 及无线上网的控制装置。它们能在单机模式下运作，然而，如果它们与智能家居组合，就具有更多功能，诸如使用应用程序来远程监测和控制及监视。

商业楼宇的暖通空调（HVAC）系统和中央空调则更为复杂，因其具有更高的热/冷负荷和更高的人口密度。中央空调包括锅炉、冷却器、空气处理机组（AHU）、空调终端设备（ATU），以及变风量装置（VAU）。锅炉用于加热空气。冷却器利用热交换器的循环液体来冷却流经的空气。空气处理机组为整幢楼宇提供冷气或热气。空调终端设备通过改变风量及温度抵消外部空气温度产生的热负荷及内部人员、照明和设备产生的热负荷。变风量装置通过改变进入室内的空气流量调节室内温度。暖通空调可通过降低负荷和选择适当的设备规格有效地得到改善。减少热负荷可以通过安装更高效的照明和电子设备来实现，而降低冷负荷可以通过安装更好的绝缘和节能窗户及密封空气泄漏来实现。改善措施必须考虑整个系统，如确定暖通空调系统的正确尺寸，就必须根据楼宇匹配正确的冷却器、风机及排风机。美国采暖制冷和空调工程师协会（ASHRAE）在暖通空调效率要求方面提供了很多标准，可供参考。控制是基于来自以下传感器和传输器的输入信息，如恒温器、泵和冷却器、液流和气流的液体压差传感器/传输器，静态压力传感器，空气压力传感器，以及湿度传感器。对于用户关心的控制而言，那就是从智能家居中央服务器界面至楼宇自控网和局部操作网络标准。

ZigBee协议已被广泛应用于智能电表。全能型智能电表可以测量和存储指定时间间隔内的数据，并作为一个节点在供应商与消费者之间进行双向通信及自动计量管理。在能量互联网的领域内，智能电表是智能电网上的智能测控装置，而智能电网可以被定义为在供应商与消费者之间提供双向数字通信的升级电力网络。随着智能电表的出现，居民可以获得更准确的账单，并通过减少高峰消费可使用更少的能源，因为公用事业单位能减少对新网络投资的需求，并减少碳排放。ZigBee恒温器与智能电表结合就可以提供当前的能源成本、已发生成本、每月账单总额的估算。当对电力的需求超过预定水平时，灯光将会变暗。这对城市的整体用电限制政策非常有用。即使不用智能电表，ZigBee电源插头也可以测量和监测个别家电的使用情况。还有一种选项是智能型电源板，它能通过检测设备是否处于使用或长期闲置状态而开启或关闭设备。如果那些电脑周边设备（如打印机和扫描仪）均由电源板供电，那么当电脑关机时，备用电源都可以被切断。于是，在住户控制器上能以条形图的形式显示实时基本功率消耗。当因未授权使用或疏忽而超出预设水平时，住户将通过电子邮件或短信获得警示。通过在互联网上的远程监控，住户可以相应地控制或关闭设备。在若干城市，根据供需之间的平衡关系，电价会有所不同。比较简单的例子就是白天与夜间的电价，晚间的电力需求低于白天，消费者就可支付较低的电价。如果有控制命令或应用程序接口（API），智能家居就可以根据电价表开启某些家电。理想的情况是这些家电能智能地根据当前供电和电网情况，检测到从智能电表发出的价格信号。例如，当接收到未来一小时电价将保持低价的信号时，智能洗衣机就会自动开启。虽然采用智能电表和智能电器能获得经济利益，然而研究发现，采用这种新技术的主要障碍是改变行为模式需要的认知努力。这是可以克服的，当住户获得新的、可执行的消费信息，通过与家中历史用电水平作比较或与类似家庭作比较是可以理解的。随着与智能家居的组合，住户可以关闭、少使用或更谨慎地使用某些电器，并提高电器性能，以及使用替代设备。

下列实际生活的例子显示了在办公室内照明、空调和运动传感器组合的节能情况，可作为一个例证。如果在预设的时间段后，在房间内没有检测到任何动静，那就意味着在正常办公时间结束后的 15 分钟内房间里一直无人，于是警报就会被发送至住户，用以决定是否关掉所有照明和空调。经过几次确认后（假设为 5 次），智能家居将自动关闭所有的照明和空调系统，而不再进一步寻求用户同意。

## 一、电子邮件通知

所有物业信息，如维修计划、水或电力供应暂停通知、即将举办的社会活动和促销等，都可以通知给个别住户单元，并显示于用户控制设备（可能是一台专用的平板电脑），而不是显示在大堂的传统告示板上。这是一种鼓励社区居民参与的积极方式，因为其不仅仅是单向通信，如果他们想要参与，住户都可以作出反应和进行预订；这是内部社交媒体平台的一部分。若干敏感信息，如管理费的缴费提醒和每月在俱乐部会所使用某些设施的发票，均可以分别发送给各个住户，从而保护隐私及营造无纸化的环境。

若与计费系统组合，发票就能以每月或每季度为周期制作，并以电子格式发送给各位住户。如果账户已预先注册，还可以进行电子支付。该服务可以进一步延伸为到指定的网点购物。住户可以向某些供应商预先注册自己的信用卡信息，然后挑选所需商品，如鲜花和食品等，并送货到家。同样，这些商店和餐饮店可以对住户进行促销活动，创建交互式通信。

## 二、绿色车库解决方案

当车库空间区域不需要照明而未关闭照明系统时，会浪费大量能源。在不同区域使用照度（光照）和运动传感器来控制照明可以达到节能的目的。根据车库的楼面布局，如果有窗口或开放空间（日光采集），其周边通常可以利用自然光线，而内部空间可能需要更多的照明。照明的开/关可由运动传感器检测来决定，即使是地下车库也可以节省大量能源。

## 第三节 智能家居的保健

预计至2050年，约20%的世界人口将在60岁以上。2011年，美国第一批7000万名“婴儿潮”出生的人已达65岁。据预测，至2033年，中国香港65岁及以上老年人的比例将增长至25.6%。世界卫生组织已经作出了预测，至2050年，中国香港将成为排名第五的老年人口城市，这意味着40%的人口将在65岁及以上这个阶段。此外，独居老人或远离其孩子的老人已越来越多。这已习以为常，即使在集体主义的国家，年轻一代可能选择与其直系亲属分开生活，抑或在孩子出生率低的国家，这可能会导致老年人独居而终。智能家居可用以支持老年人在自己选择的环境下生活，而不是在寄居机构或养老院内生活。家居设置的应用程序还处于黎明期，但该方法似乎是老年人在社区中独立生活最有前景的方法之一。当健康监测系统嵌入智能家居，老年人就能够既居住在自己家中，又能接受医疗帮助。凭借生态系统无处不在的连接、传感器的整合，以及应急装置，住户可以获得环境信息。持续监控可以提早发现患者的不利状态和慢性疾病，潜在地挽救更多生命。这被称为环境智能，是开发环境的愿景，即通过提供获取信息协助居民，并以自然和环境感知的方式惠及人类。环境智能可以在以下四个领域显著改善家庭保健系统。

第一，应急处理：在紧急情况下为用户提供预测、预防、检测和协助。

第二，提高独立性：延伸至在家中进行医院治疗后的健康监测和协助。

第三，舒适服务：涉及后勤援助、智能家居、寻找物品、资讯娱乐和安全设备。

第四，融入社区：包括使住户融入其社区的解决方案，同时鼓励他们改变自己的行为，以符合社区的目标。

### 一、紧急情况处理

本节将介绍实时定位系统（RTLS）在防止老年人或小孩走失、携带加速度传感器的老年人跌倒、床头呼叫设备的功能、系统结构方面的应用。实时定位系统可以提供下列功能。

#### （一）跟踪

第一，资产跟踪、人员跟踪：目的是精确地确定资产、人员的位置。

第二，药品跟踪：目的是减少假冒伪劣药品。

**（二）识别和验证**

第一，重新确认新生婴儿的身份。

第二，灾民识别。

**（三）传感**

第一，温度传感：跟踪受感染的血液以帮助保护医院的血液供应。

第二，化学传感：支持先进的医疗监测。

**（四）干预**

第一，智能护理：支援视觉或脑部受伤者的日常活动。

第二，改善目前程序：提高工作流程的效率，使从登记到检查、治疗、处方及下次预约的服务更流畅。

**（五）警戒和触发器**

在手术及输血过程中，保护患者免遭危险事件或紧急情况。

## 二、防走失系统

安防关注的主要问题之一是小区内老年人和孩子的走失。假如住户携带一只电磁（EM）型标签或射频识别标签，当其通过具有电磁或射频识别的大门时，警报器就会被触发。电磁门加上铺在地面上的射频识别天线垫或嵌入门框四周的射频识别天线，可以制成混合门。更精确的解决方案就是采用实时定位跟踪系统（技术细节请参阅基本技术章节）。只要在小区无线网络的覆盖范围内，便可实时监控住户的位置。实时定位跟踪系统的标签是有源射频识别卡，根据其信号传输的预设时间间隔，可以相应地调整精度和回应时间，其精度和回应时间与电池寿命有权衡关系。标签内甚至可以植入动力学运动传感器，当住户跌倒时就会发出警报。拉动标签上的紧急警报绳，紧急警报就会被发送至管理处。一旦防走失功能启动，倘若实时定位跟踪系统标签的携带者走出限定区域，信息就会立即被发送至管理处的管理员或指定人员。假如接收信号强度指示器（RSSI）的信号强度可以测出，那么手机应用程序也可以替代定位跟踪系统的标签。

总之，下列各项为防走失系统的主要功能。

第一，实时定位系统（RTLS）在预先限定的监控区域内定位老人或小孩。

第二，当确定老人或小孩已在特定区域内逗留了一段时间后，或已走出了特定的大门时将触发警报器。

第三，当触发报警器后，音频及视频报警信号将出现在各中央管理处及保安岗位。

第四，在本地显示器面板上发出音响及视觉警示信号。

第五，用户可以在服务器上记录和检索完整的历史记录。这些文件可以按日期、时间和地点进行排序。

第六，带实时定位系统应用程序的手机可以替代标签。

更完善的方法是使用有人脸识别功能的 IP 摄像机，这样老年人或小孩无须携带实时定位系统标签也能被检测到。虽然视频分析软件可以提供高准确度的判断，但人脸有可能被帽子遮住视线或受视角的影响。

## 三、医疗设备跟踪

第一，查找放错位置的设备，提高利用率，减少重新采购。

第二，显示器利用率及长期需求。

第三，减少盗窃及意外损失。

## 四、患者跟踪

第一，通过降低禁闭的需求频率，提高“走失者”的生活质量。

第二，根据患者的行动及相貌发出警报。

实时定位系统可适用于患者跟踪和资产跟踪。

通过按下标签上的紧急按钮或激活内置加速计就可探测患者跌倒的情况。然而，如果住户没有携带标签，摄像机采集的智能演示图像就是一个更佳的解决方案，但花费较昂贵。微软 Kinect 已开发了一款应用软件，它能检测到持续躺在地板上的人。然后，通过数据网络，护理人员就会知晓，前提是每一个病房单元都必须安装 Kinect。某些研究使用 Kinect 传感器来监控在家中生活的中风后遗症患者的手臂动作。从这类系统中检索到的信息可用于生成远程康复领域内中风后遗症患者健康状况的反馈，从而监控其经过一段时间后的康复程度。

## 五、床头呼叫设备

床头呼叫设备并不仅限于在医院应用，它还可用于老人家居护理。传统的模拟床头对讲系统仅能提供通信功能，而基于 IP 的呼叫设备能提供无限的容量、自我诊断、记录和传呼功能。内置紧急拉绳可将报警信号发送至中央监控室。一旦使用拉绳报警，护理人员必须走到该患者床边，用其智能卡在床头呼叫设备的内置读卡器上重置报警信号。因此，反应时间和对应人员将被记录下来作为服务水平的监控。人们可以在浴室内安装相同的设备，但须具有防水功能。

## 六、系统架构和连接图

所有传感器/设备都连接在整幢楼宇内的智能中枢部件上，然后通过 IP 再连接至护理人员的办公室、护士站，或控制室的中央监控系统。床头呼叫设备之类的其他周边设备可通过 IP 直接连接至中央监控系统。紧急信号将通过弹出式显屏、短信和电子邮件提醒护理人员。多信号通道的冗余度，足以保证不错过任何呼叫。IP 系统中的自我诊断功能将执行例行维护。

Cat5e 被用于主干网以提供下列功能。

第一，门磁作为安全装置，与运动传感器一起运作，系统可以检测住户一直待在家里多久没有移动。异常行为可能会触发警报器。

第二，床垫底下的射频识别垫监控住户躺在床上的时间。如果住户躺在床上太久，就会触发警报器提醒护理人员。

第三，用于对讲的床头呼叫设备和用于紧急状态的拉绳。

第四，浴室内的防水拉绳装置。

第五，通过 Wi-Fi 网络连接的带实时位置跟踪功能的便携式应急设备。

第六，用于生物识别数据采集的生物识别数据调制解调器。

第七，如果住户拉动床头紧急拉绳，护理人员必须亲自使用智能卡去复位。完整的历次复位记录和录音对讲交谈都会存储在服务器上。所有文件都可以被检索及导出为 Excel 或 Wav 文档。因此，该服务器可以监控回应时间和服务水平。

第八，录音文档可以按日期、时间或房间/床号检索和回放。重播功能应包括快进、快退、循环播放、选择回放速度，以及在录制时回放。统计报告应包括每月/每天个人（房间/床位）呼叫的回复、会话及次数。

第九，多重设备用于报警，可以避免单点故障。

警报通知表是一张优先级表，可根据用户的紧急程度和类型而规定协议（规定通信系统中站与站之间的相互作用，并管理在这些站间交换帧的相对定时）。这是医疗保健系统不可分割的一部分。

## 七、提高独立性

住户在其居室内的生活习惯可以通过床铺及浴室地板下的压力垫等装置进行监控。如果由于房间面积、常带标签不便及隐私等问题，通过实时定位系统的实时监控不可行，这就是不可取的。首先，可以记录用户每天在压力垫上的时间跨度，从而能提醒护理人员注意用户的任何异常行为。其次，在个人公寓门口的探测器和运动传感器可以获知住户待在或走出公寓的具体时间。如果居住在公寓内的独身住户在很长的一段时间内纹丝不动，护理人员将得到通知，并会拨打电话或上门检查状况。

此监控系统能够很好地追踪老人在家里的行为轨迹。为了更好地理解老年人的日常生活习惯，需要在系统中植入人工智能系统。

第一，当住户的行为超出了常规模式的预设时段或失去活动迹象时，该系统会发出警告，从而追踪住户的身体情况。

第二，该系统可将监测范围内的信号发送给物业管理部门。

第三，该系统可以在住户单元的控制台和管理部门重新设置信号。

第四，该系统可以作为安全报警装置。在用户外出或返回时，可以通过密码设置或解除警报。紧急警报、非法侵入防盗警报和预警警报都有设置专门的标识。

第五，床铺或卫生间的无线局域网（ZigBee）压力垫能够探测并记录用户在此位置停留的时间，因此能够对不正常的行为进行监测。

第六，统计报告中包含了住户（房间/床/名称）、意外事件发生时间、复原时间等内容，从而能够了解到每月/日的警报数量。

在家庭日常保健系统中，用户必须采取必要的防范措施（如血压、心率、血糖和血氧含量等数据的记录）和它们的分析。快速发展的家居科技可以使老人们调整他们持续改变的生理和认知能力，并且能够继续在他们熟悉的社交网络环境中展开日常生活。家庭护理与医院护理是两个概念。家庭护理着重于长期的护理和随叫随到的专用医疗服务，有助于提高用户的单独自主生活能力和对生活品质的关注。这些科技可以提高老人的自理能力，同时可以最大限度地降低对他们的照料者各种压力的负面影响。在社区医院中也采用了相似的办法，但是这非常强调长期的磨合。

第一，要尊重和关注用户，为用户提供服务。

第二，对护理和医疗表示赞同。

第三，关注用户的福祉。

第四，用户的营养需要得到满足。

第五，和其他的供应商一起协作。

第六，保护用户信息不被滥用。

第七，卫生和传染病的防治。

第八，药物管制。

第九，建筑物的安全与适应性。

第十，设备的安全性、可用性和适应性。

第十一，员工的需求。

第十二，人员配置。

第十三，支援工作人员。

第十四，对员工提供的服务品质进行评价和监督。

第十五，投诉。

第十六，记录。

这个系统既有利于患者，也有利于医生和护理人员。

关于患者的方面如下所述。

第一，定期的健康检查提示。

第二，重点放在患者身上。

第三，可以节约去医院的路上所用的时间。

第四，因为去医院看病的次数减少了，所以费用也降低了。

第五，消除了等待和排队的时间。

第六，即时通信。

第七，缓解对突然出现的疾病变化或病症的担忧。

关于医生的方面如下所述。

第一，提高时间效益，以能够治疗更多的病人。

第二，咨询时间缩短。

第三，实时关心和照顾有需要的患者。

家庭护理的信息搜集可以让用户在单元里进行，而日托中心则可以提供更精确的测量。

生物统计数据采集系统是以网络平台的为基础的。护理人员能够利用网络对患者的主要数据进行远程监测，收集到的资料可以并入一个私人或公共中心电子档案进行分析。患者、家属和医疗护理人员能够很容易地进行远程的健康数据采集和分析，因此能够对患者的病情作出有效的反应。系统内设有患者查询功能、完整病史/患者须知、异常数据警报、频带使用控制和数据输出功能。若参数超过了常规值，可以立即展开远程治疗，其优势如下。

第一，为保健专业人士提供灵活性和可延伸性的工作时间。

第二，提高健康保健用户的医疗服务品质与可达性。

第三，没有空间限制。

该系统具有以下功能。

第一，负责患者的资料、治疗、用药、账单及其他与护理有关的工作。

第二，档案管理。

第三，床位供应/运作。

第四，库存管理。

第五，会计接口。

第六，规范格式。
第七，人员配置与计划。
第八，人力资源职能（招聘、培训、评估、经费、考勤等）。
第九，处理事故。
第十，运输管理。
第十一，确认用户身份。
第十二，AIC 系统一体化。
第十三，预评用户服务。
第十四，预评护理。
第十五，入院资格。
第十六，住院过程的服务。
第十七，标签印刷。
第十八，一层发票。
第十九，住院和评价资料库。
第二十，医疗方案。
第二十一，住户评估表（RAF）。
第二十二，布雷登量表。
第二十三，意外事故报告。
第二十四，重大意外/受伤监测。
第二十五，理疗初步评估表。
第二十六，理疗重新评估表。
第二十七，理疗中风康复表。
第二十八，职业治疗初步评估表。
第二十九，完善的巴氏量表（MBI）。
第三十，医生的治疗评估。
第三十一，记录、汇报相关进度。
第三十二，医疗检查规划表。
第三十三，每月消耗材料。
第三十四，患者转院。
第三十五，患者出院。
第三十六，黑名单。
第三十七，患者的个体数据冻结/解冻。
第三十八，死亡出院。

第三十九，重新入院。

第四十，救护车相关管理。

第四十一，预约救护车。

第四十二，日托登记表。

第四十三，补助框架。

第四十四，开发票。

第四十五，审核追踪报告。

第四十六，动态查询指导。

第四十七，行为日志。

第四十八，审计追踪。

第四十九，用户与角色管理。

第五十，主查询表。

第五十一，设定通知。

第五十二，资料转移工具。

第五十三，手册形式。

第五十四，打印患者的个人信息。

第五十五，财务情况调查与补贴报告。

第五十六，用户财务资助报告。

第五十七，用户账目规模报告概要。

对于患者，在用药时也要采取预防性的措施。例如，门诊医疗部门将患者安置在不同的隔间/病床上，等候注射（化学疗法）。按电话预约的顺序规划时间间隔和床位。在办理住院过程中，患者将获得一张可携带的射频识别标签，这是住院患者的一个手续，其将是追踪和通知系统的起点。患者的位置和活动会在候诊区的患者资料液晶屏幕上或者在患者信息终端的触摸屏上用色码标识。可以将定位和状态的信息集成到手机等移动装置及目前的软件中，目的是帮助工作人员明确及改善工作成效，如将排队管理系统集成到患者信息面板中。而在候诊区等候的患者则可以知道自己治疗的时间，也可以得知自己的治疗室在哪里。当患者走进隔间/病床时，移动标签会读出放置于隔间/病床内的位置标记，并将此信息传送至系统。同时，携带移动标签的医生和护士会将抵达的时间显现在隔间，因此每个患者的就诊时间都会被记下来，并且会在护理台的显示屏上进行更新。然后，工作人员可以根据患者的等候时间、医疗时间、资源可用和利用情况进行资源分配和诊断，以便更有效率地安置患者。

这个系统在药房、服务部门和挂号台之间形成了联系。

第一，可视化地即时显示已经使用的床位或空床位。

第二，建立专门预约的高效调度系统。

第三，可以对患者进行管理，如对患者的生物信息进行记录和更新。

第四，可以在当天安排预约，提高效率。

第五，建立状态报表。

第六，做好患者等候时间的记录。

第七，向管理系统发送患者和预约详情，以产生排队号码。

## 八、加入社区

某研究机构展开了一系列关于智能家居的调研，并且访问了有较多经验的智能家庭用户，来决定是否可以在智能家居中发现需要的资源。研究发现，智能家居用户的心理状态较温和，为了达到自己的目的而采取最佳的行动，愿意学习并分享经验，友善地对待别人，并且能够让别人对自己产生好感。而个性化的家庭也是个体对自身认知的体现。另外，最令人满意的估值是，家居和家人之间的关系，比以上所说的优点要多得多。在独居的老年人中，邻居就是他们的家人。美国学者麦克米伦把社区的概念定义为“其成员有一种归属感的情感，成员之间及成员与团体间有互相关联的情感，以及他们有一个共同的信念，就是通过承诺一起使成员的需求得到满足”。社区意识对于每一个人来说都是很关键的，因为它可以让人们保持一种归属感，并能从社会上得到有效的支持。因此，智能家居不仅要为家人，还要为整个社会提供联结，以符合其“需求的归属感”，同时要鼓励他们为了达到社区目的而调整自己的行为。比如，用户可以将自己的简介上传到一个平台上，类似于在互联网平台建立社交关系。但是，该平台更加具体并且专门用于小区中的邻居。基于个人信息，这个系统可以把邻居划分成兴趣团体。在预订了活动设施后，所有会员均可通过电子通告告知该团体的其他会员；所有有兴趣的会员都可以通过用户控制装置中的一键响应给予反馈。这是一个更简单的交友方式，也是节约资源的方式。

最近，在匹兹堡东南部的麦基斯波特独立区的“意识社区”就是智能家居在医疗健康领域应用的一个例子。该项目占地 10 英亩，覆盖 12 个街区，其新建立的和已经存在的组织将为学者和业界人士提供一个综合性的实验基地，以及提供了一个对项目和技术进行评价的场景。老人智慧之家的主要功能包含以下四个层面。

第一，智能家居的控制：远程控制灯光，炉子和水“开得太久的警报”。

第二，智能家居的安防：将前门摄像机调整到一个电视频道，安装活动监控器、报警按钮和跌倒检测器，安装火灾、烟雾和一氧化碳警报器，安装非法侵入门窗警报。

第三，智能家居的健康护理：智能家居的健康护理包括血压，体重，药品管理，用户活动总量，饮食、运动和预防药品；网上护士，与患者会面和谈话的视频会议，患者的医疗记录和活动的数据库，便于利用的与小屋技术界面相连的媒体中心。

第四，智能家居的节能：远程控制温度调节，在夜晚及空闲时间自主减少高峰消费，每一间屋子里都装有一个运动或温度传感器。

# 第九章

# AI 行为识别预警系统的应用

## 第一节　总体设计

行为识别预警系统，是一款基于 AI 神经网络的深度学习算法。通过实时分析视频流，从视频流中勾勒出人体骨架结构，然后根据人的姿态特征和肢体运动轨迹，计算出不同人的异常动作行为，然后通过活体算法、动作序列计算等二次判断目标是人，确认无误后立即调用同步视频流弹屏预警，并同步调用事件前后的视频流。通过人脸识别算法、人体识别算法等技术，提取出整段视频中最清晰的一张人脸兼人体图，人脸图用于比对身份，人体图用于提取特征，之后分析出触发预警的当事人的身份或详细信息。

AI 神经网络涉及的算法有深度学习算法、视频结构化技术、人脸识别算法、人脸比对算法、人体识别算法、物体识别算法、活体算法、3D 画面矫正算法、移动侦测算法、图像比对算法、物体轨迹算法、人体跟踪算法。

**1. 总体框架设计**

行为识别预警系统的重点在于对传统视频监控的升级改造，而无须因为增加功能而替换掉原有的监控设备。

行为识别预警系统的示意图如图 9-1 所示。

视频基础建设部分即传统视频监控的建设内容，包括监控布点、存储视频录像、指挥调度、大屏显示等。

AI 智能升级部分即行为识别预警系统的升级改造内容，包括算法服务器、平台管理应用服务器。

算法服务器：算法服务器通过接入监控局域网，可以实时采集视频流，计算视频中存在的异常行为，并产生预警信号。

应用服务器：应用服务器通过级联算法服务器管理和采集算法服务器的预警数据，统计和分析各种预警数据及相关风险指标，实时、高效地让各值班管理人员及时发现预警、处置警情、查看报表。

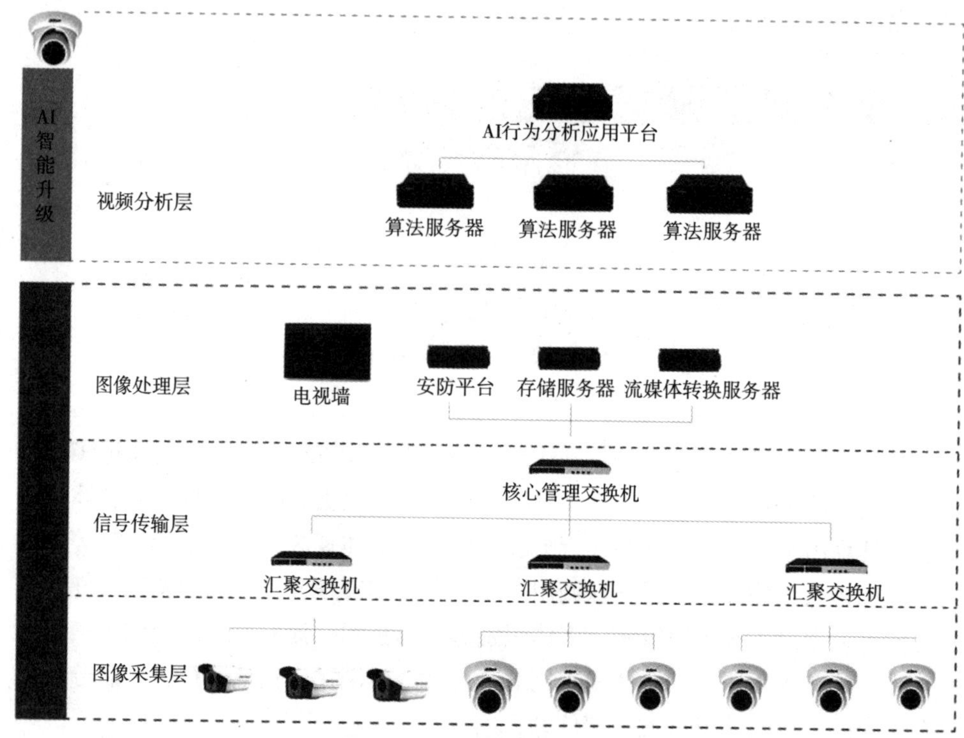


**图 9-1　行为识别预警系统**

**2. 系统架构设计**

AI 行为识别预警系统的架构分为监狱内部和与省局联网两种架构。

监狱内部系统架构如图 9-2 所示。

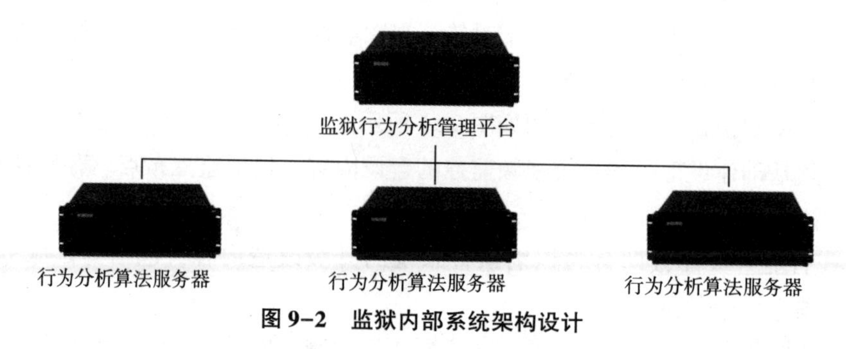


**图 9-2　监狱内部系统架构设计**

说明：

（1）算法服务器的规格分为 32 路、64 路、128 路三种规格，需要多少路视频行为识别，需要根据算法服务器的规则配置。

（2）一个管理平台，可以同时管理多台算法服务器，并通过局域网进行连接。

与省局联网的架构如图 9-3 所示。

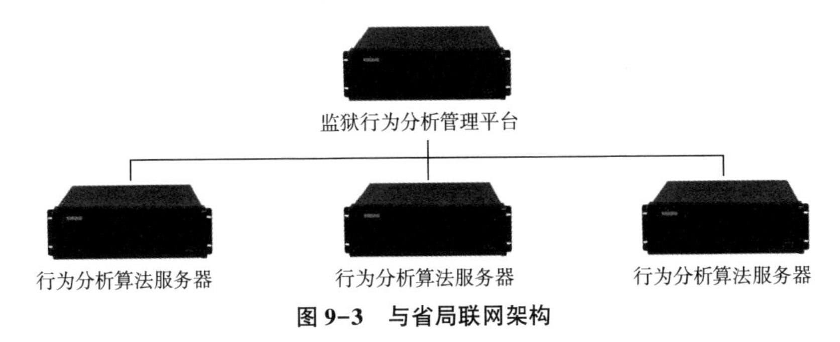


**图 9-3　与省局联网架构**

说明：

（1）每个监狱采用一个行为识别管理平台，用来管理该监狱下所有的算法服务器。

（2）省监狱管理局采用一个管理平台，就可以通过司法专网管理全省各监狱的应用平台，并形成多级联动报警功能。

**3. 用户架构设计**

用户架构设计主要是针对管理平台而言的。以监狱行为识别管理平台为例，我们将用户分为系统管理员、指挥中心、分控中心三类不同等级的账户，如图 9-4所示。

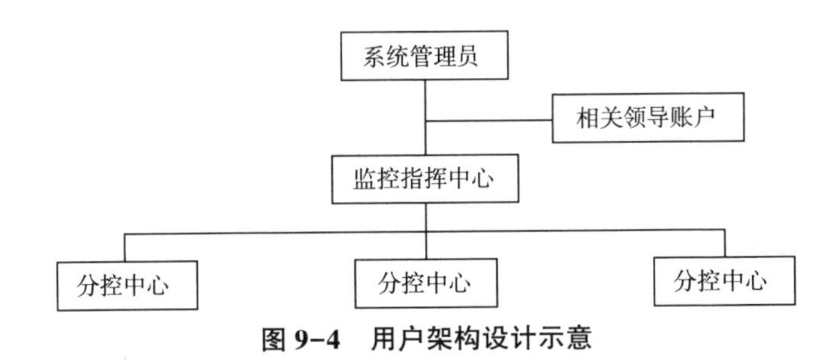


**图 9-4　用户架构设计示意**

各账户管理逻辑如表 9-1 所示。

**表 9-1　账户管理逻辑**

| 用户等级 | 使用部门 | 使用人员 |
| --- | --- | --- |
| 一级账户 | 系统管理员 | 信息科、相关管理者 |
| 二级账户 | 指挥中心 | 指挥中心值班民警 |
| 三级账户 | 分控中心 | 分控中心值班民警 |

**4. 数据接口设计**

（1）数据接入设计。该系统可通过国标联网、Onvif、RTSP、SDK开发等模式，直接将系统所需设备统一接入管理，实现对实时视频流的调阅功能。具体实现可采用的方式如下所述。

①SDK对接。对于不满足国标要求的DVR、NVR和IPC等数字网络前端设备，可以直接将设备通过SDK开发包镜像接入。系统根据SDK采用组件式开发，最终形成专属开发文件并进行加密封装，然后提供有针对性的服务组件，直接对相应的DVR、NVR、IPC设备进行接入，通过服务组件实现设备接入，可实现对NVR、DVR设备的实时码流调阅功能。

②Onvif/RTSP协议接入。对于前端IPC，若支持Onvif/RTSP标准协议，平台可通过Onvif/RTSP协议直接实现对前端设备的对接，完成平台与设备的交互，实现实时视频调阅功能。

（2）系统对接设计。传统的平台互联架构以资源目录推送的方式为主，且各系统接口存在差异，当上级或下级平台升级或异常重启后，会导致上、下级平台之间出现互联断路，这往往需要大量人工方式参与调试解决。特别是向其他单位应用系统提供资源共享，每次都需要人工方式进行联调，效率低、工作量大、稳定性差。

数据接口：提供封装好的数据接口，将原始数据资源共享给有权限的部门及平台。

服务接口：提供封装好的统一服务接口，将原始数据资源进行数据处理后，按照需求共享给有权限的部门及平台。

应用接口：提供封装好的统一应用接口，对于长期需要使用且有多个系统的部门，可通过应用接口将页面封装至部门业务系统中；也可以按照接口要求，提供原系统接口，将原系统页面封装至平台页面中。

接口的设计思路如下所述。

SIP互联服务以信令的方式提供API接口，API接口应实现注册、注销、实时点播、前端遥控、录像、历史视频检索、回放、回放控制、下载、报警等信令流程消息，以及REGISTER、INVITE、BYE、MESSAGE、INFO 5种信令。将SIP插件、播放插件封装为API接口提供外部系统客户端调用。API接口与SIP之间的通信，应按照GB/T 28181—2016的传输控制协议进行交互。

**服务封装接口**

将平台功能封装为Web服务，可对外提供获取设备目录、获取设备信息、获取设备状态、实时点播、设备控制、录像操作、历史文件检索、历史文件回放下载、链路状态查询、媒体负载均衡初始化、路由管理等共享平台基础应用，统一采用接口方式封装，也可单独部署。

通过打通多个职能部门数据，并建设统一的数据共享交换接口，可打破部门之间信息的壁垒，实现数据的互联互通。建成后可为市、区、镇等各基层部门提供数据。

**5. 功能设计**

（1）分析功能。AI 行为识别预警系统，其最主要的功能之一便是分析视频中的异常行为。从技术层面分析，任何人的异常动作，只要是能被摄像机捕捉到的，都可以被分析出来。我们对于异常行为的定义，简单描述为如图 9-5 所示的内容。

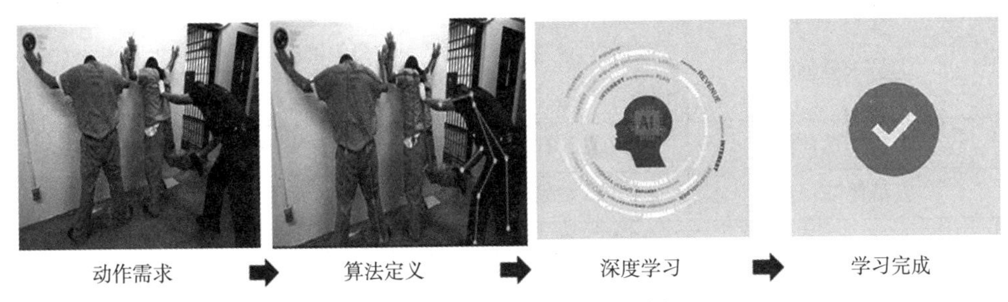


**图 9-5 异常行为定义分析过程**

系统可以分析的异常行为见表 9-2。

**表 9-2 系统分析的异常行为类型**

| 分析类型 | 应用描述 |
| --- | --- |
| 司法部门行为识别标准需求 | |
| 人员越线侦测 | 当有人出现在警戒区域时，需要立即调用视频流弹屏关注；当越过警戒线时，立即预警 |
| 人员超时滞留/徘徊侦测 | 当有人在警戒区域长时间滞留/徘徊时，立即预警 |
| 人员攀高侦测 | 当有人攀爬超过警戒高度时，立即预警 |
| 人员出现侦测 | 当前场景下突然出现人时，立即预警 |
| 不明物体出现侦测 | 当前场景下突然出现不明物体时，立即预警 |
| 人员打架侦测 | 当前场景下有人打架时，立即预警 |
| 人员离床侦测 | 当夜间睡觉时间段有人突然离床时，立即预警 |
| 单人独处侦测 | 当前场景下只有一个人独处时，超过时间立即预警 |

续表

| 分析类型 | 应用描述 |
|---|---|
| 司法部门行为识别标准需求 | |
| 人员短时间内快速聚集侦测 | 当前场景下有人快速聚集超过预警人数时，立即预警 |
| 各类人员服装识别 | 当前场景下有限制出现的人出现时，立即预警 |
| 警察离岗/脱岗侦测 | 当警察值班时，离开岗位超过规定时间，需要立即预警 |
| 警察睡岗侦测 | 当警察值班时，睡觉超过规定时间，需要立即预警 |
| 视频异常诊断 | 当视频出现突然无视频信号、镜头被遮挡、镜头移位等异常情况时，需要立即预警 |
| 其他异常行为 | |
| 人员求救侦测 | 当遇到紧急情况时，可对着摄像机举起双手挥手即可发出求救信号 |
| 人员倒地侦测 | 当场景下有人不慎倒地后，长时间未能站起来，需要立即预警 |
| 人员尾随侦测 | 当出入口或特殊场景下有人跟随在后面，需要立即预警 |
| 单人提审侦测 | 当审讯犯人时，只有一个警察和一个犯人的情况下，超过规定时间，需要立即预警 |
| 人+物体的异常行为 | |
| 头上戴的 | 检测人头上戴的帽子，比如安全帽、厨师帽等 |
| 面部遮挡 | 检测人的面部遮挡情况，针对作案时人员的面部遮挡 |
| 手持器械 | 检测人的手持刀、枪、棍等危险器械 |
| 服装识别 | 检测人的服装，简易地识别身份 |
| 使用手机、吸烟等 | 检测人打电话、玩手机、吸烟等情况 |

说明：

①关于算力。通过把算法服务器接入监控局域网中，取实时视频流进行分析，我们对算力的定义如下。

授权：授权是指将视频流接入算法服务器中，算法服务器的规格也与视频流授权相关。每一台摄像机的视频接入算法服务器中，计算一路授权；从平台取流的话，每一路视频流接入算法服务器中，计算一路授权。

算法：每一路视频流可以同时侦测多个事件。每增加一种事件分析，同比会消耗一定的 GPU 计算资源。

预警：当其中一路视频流有多种事件被触发时，可以同时报出多个事件，报警顺序按照事件等级依次报出。

②关于设置条件。我们可以对每一路视频流设置不同的事件侦测后，可以设置各种条件，找到最佳识别目标。

区域设置：正常事件可以设置有效区域和无效区域，特殊事件（如离床事件）可以设置更详细的区域，如床位区域、公共区域、厕所区域、入房门口区域。设置有效区域表示区域内正常识别，设置无效区域表示区域内不识别。假如不设区域表示全区域识别。

时间段设置：所有事件都可以至少设置三个时间段。设置时间段表示在时间段内进行识别，不设时间段表示全天候24小时进行识别。

灵敏度设置：所有事件都可以设置灵敏度，灵敏度跟识别漏报、误报、准确率有关，跟识别速度无关。

时间设置：有些事件需要限定时间，超过规定时间就必须报警。

人数设置：有些事件需要限定人数，超时规定人数就必须报警。

算法设置：算法设置包括人脸、特殊规则、算法选择等设置。人脸算法设置是指是否需要在预警后抓拍人脸，用户可以根据实际需求开启或关闭该功能。特殊规则设置是指有些事件分为正常逻辑和特殊逻辑，如离床事件，可以设置为离床后立即报警，也可以设置为离床后看情况报警，用户可以根据实际需求来配置。算法选择是指有些事件有两种或以上的算法，可以选择不同的算法来达到不同的识别效果。

③关于有效距离。有效距离是指摄像机到识别的人或物体之间的距离，如距离间隔太远，目标在画面中成像太小，会导致识别效果的降低。

有效距离参考

一般情况下，4mm镜头的摄像机拍摄出来的画面，有效距离一般为0~10m，有效距离超过10m，就会因为目标成像太小而无法识别。

④关于误报和漏报。通过人工智能技术和机械视觉计算，任何事件都会存在误报和漏报。我们要正确看待误报和漏报，且要对每种事件的误报和漏报有一定预期，即某些事件可以误报，但不能漏报；而某些事件可以漏报，但不能误报，这根据实际需求来进行判定。

误报：引起误报的主要因素有以下几种。

算法本身：任何算法都很难做到百分百准确。

非活体：类人形物体。

相似情景：例如，聚众和打架这类事件，相似情景非常多。

拍摄不清：例如，摄像机像素太低或者夜间拍摄效果不佳都会导致识别率低。

画面重叠：视频拍摄出来的画面是 2D 的，拍摄角度可能会引起画面中的人物重叠。

拍摄角度：摄像机安装位置过低会引起角度的问题。

处理误报的主要参数是灵敏度设置，用户可以根据实际检测效果来适当调整灵敏度，以提高识别准确率，降低误报。处理误报的最佳方法是深度学习，提升算法本身的精度，以达到更好的识别效果。

漏报：引起漏报的主要因素有以下几种。

拍摄距离：即有效可视距离。

拍摄角度：动作行为被遮挡、摄像机安装位置过高都会引起角度的问题。

⑤关于兼容。AI 行为识别预警系统属于后端分析模式，它从局域网中取视频流进行分析，而组成整个监控系统的设备很难做到都由一个厂家提供，因此必定存在兼容问题。

关于兼容的相关说明如下所述。

取流方式：在取流时，可以从摄像机直接取流，也可以从平台取流。只要能提供标准的视频流，就可以兼容，这与品牌的关系不大，与通信支持协议的关系甚大。一般情况下，网络监控系统都支持 RTSP、Onvif、GB 28181 等多种主流协议。而如果是模拟摄像机，就只能通过 DVR 录像机取流的方式取得视频流。

工作方式：AI 行为识别预警系统取得视频流之后，会进行解码、分析、调用同步视频流预警弹窗、存储录像。该系统和其他应用系统是完全独立的，相互不受影响，除非视频流取流次数太多，导致卡顿或影响流媒体正常工作，才会对系统产生影响。

（2）预警功能。当 AI 行为识别预警系统检测到报警信息后，会立即产生报警。

①调用同步视频弹屏预警。调用同步视频弹屏预警是指系统在触发预警后会主动把事发现场的实时视频画面弹屏显示在大屏幕上，值班人员可以很直观地通过现场视频关注前端事件的状态，如图 9-6 所示。

视频的弹屏逻辑如下所述。

第一，事件一直在触发，界面一直弹屏。

第二，事件结束，弹屏延时 5 秒后息屏。

②声音提示预警。当预警触发后，算法服务器和客户端均可以发出声音报警。音源的输出方式为外接音箱报警。

报警音源分为提示音和电子语音。

图 9-6　调用同步视频弹屏预警

提示音为“嘀”的一声预警。

电子语音为“发现打架事件预警”的语音播报。

③手机 App 预警。手机预警 App 支持内网、互联网连接，当预警被触发时，用户可通过手机预警 App 接收预警信息，如图 9-7 所示。

图 9-7　预警提示与内容查看

**6. 存储功能**

当有人触发预警后，系统会自动从视频流中截取事件图片和事件前后视频作为录像文件存储，事件截图和事件录像共同形成了一个历史事件。

（1）事件截图。视频在触发预警的一瞬间，系统会自动存储这一帧截图作为事件截图，并会在截图中标注是谁触发的本次预警，从截图中我们可以清晰地看到当事人的骨架特征。

（2）事件录像。视频在触发预警的一瞬间，系统会自动存储 5 秒的录像短视频，并会在视频中标注是谁触发的本次预警，从视频中我们可以清晰地看到当事人是谁。

### 7. 事件处置功能

系统触发预警后，会形成一个个的历史事件，值班人员通过观看预警时的实时弹屏可以判断本次预警的真实情况，也可以进入系统的事件管理中找到本次的历史事件，并根据实际情况对本次事件进行处置。

系统提供了三种事件结果的选型。

警情上报：当发现本次事件比较严重，需要上报到上一级管理部门的，可以点击“警情上报”，上一级管理部门就会立即收到本次预警。

现场处理：当发现本次事件情况一般，能够自行处理的，可以点击现场处理。

需要学习：当发现本次事件属于系统误报时，点击“需要学习”就可以为系统搜集错误识别素材，纠正算法。

假如值班人员在本次事件发生后，没有做任何处理，事件的状态就会一直显示未处理，超过规定时间，系统会自动上报到上一级管理部门。

### 8. 事件管理功能

系统预警后形成的一个个的历史事件，经系统内部统计处理后，会形成事件类型、事件统计、事件抓拍、警情上报统计、警情超时未处理统计五种管理方式。

（1）事件类型。事例类型示例如图 9-8 所示。

| 全选 | 序号 | 事件类型 | 当日报警数据 | 当月报警数据 | 总报警数据 |
|---|---|---|---|---|---|
| √ | 1 | 打架预警 | 0 | 0 | 0 |
| √ | 2 | 倒地预警 | 0 | 0 | 0 |
| √ | 3 | 聚众预警 | 0 | 0 | 0 |
| √ | 4 | 求救预警 | 0 | 0 | 0 |
| √ | 5 | 离床预警 | 28 | 28 | 28 |
| √ | 6 | 攀高预警 | 3 | 3 | 3 |
| √ | 7 | 独处预警 | 1 | 1 | 1 |
| √ | 8 | 入厕超时 | 0 | 0 | 0 |
| √ | 9 | 攀爬预警 | 2 | 2 | 2 |
| √ | 10 | 闯入预警 | 168 | 8661 | 8662 |

**图 9-8 事件类型示例**

系统会统计出每一种事件的当日报警总次数、当月报警总次数、总报警次数等数据，若是需要重点关注的事件，则可以通过设置呈现在应用平台的主界面上，让用户可以直观地看到重点关注事件的报警数据。

（2）事件统计。事件统计示例如图 9-9 所示。

| 序号 | 分析服务器 | 预警时间 | 预警区域 | 详细位置 | 预警类型 | 事件照片 | 录屏文件 | 主流码预览 | 事件结果 | 负责人 |
|---|---|---|---|---|---|---|---|---|---|---|
| 723 | | 2020-02-16 13:32:16 | | | 闯人预警 | 现场照片 | 录像文件 | 主流码预览 | 真实警情 | |
| 8698 | 1 | 2020-02-10 10:20:58 | | 6 | 闯人预警 | 现场照片 | 录像文件 | 主流码预览 | 未处理 | 廖艳 |
| 8697 | 1 | 2020-02-10 10:19:22 | | 6 | 离床预警 | 现场照片 | 录像文件 | 主流码预览 | 未处理 | 廖艳 |
| 8696 | 1 | 2020-02-10 10:16:14 | | 6 | 离床预警 | 现场照片 | 录像文件 | 主流码预览 | 未处理 | 廖艳 |
| 8695 | 1 | 2020-02-10 10:16:07 | | 6 | 离床预警 | 现场照片 | 录像文件 | 主流码预览 | 人为触发 | 廖艳 |
| 8694 | 1 | 2020-02-10 10:15:18 | | 6 | 闯人预警 | 现场照片 | 录像文件 | 主流码预览 | 未处理 | 廖艳 |
| 8692 | 1 | 2020-02-10 10:14:05 | | 6 | 离床预警 | 现场照片 | 录像文件 | 主流码预览 | 未处理 | 廖艳 |
| 8693 | 1 | 2020-02-10 10:14:05 | | 6 | 闯人预警 | 现场照片 | 录像文件 | 主流码预览 | 未处理 | 廖艳 |
| 8691 | 1 | 2020-02-10 10:12:15 | | 6 | 离床预警 | 现场照片 | 录像文件 | 主流码预览 | 未处理 | 廖艳 |
| 8690 | 1 | 2020-02-10 10:12:05 | | 6 | 离床预警 | 现场照片 | 录像文件 | 主流码预览 | 未处理 | 廖艳 |

共8698条 1 2 3 4 5 共870页

图 9-9 事件统计示例

系统会把每一次预警的相关信息统计制成列表，其中包括某一事件是由哪台算法服务器抓拍的、预警时间、预警区域、详细位置、事件类型、事件截图、事件录像、实时视频、事件结果、负责人等信息，并可以快速通过预警时间、事件类型等条件快速查询预警信息。

（3）事件抓拍统计。事件抓拍统计示例如图 9-10 所示。

| 序号 | 预警时间 | 详细位置 | 预警类型 | 事件截图 | 人脸抓拍 | 人体抓拍 | 特征 | 状态 | 详情 |
|---|---|---|---|---|---|---|---|---|---|
| 1 | 2018-12-22 12：22：22 | 摄像机名称 | 求救类型 | 现场照片 | 人脸照片 | 人体照片 | 白色上衣黑色裤子其他信息 | 未识别 | 姓名：李四 性别：男 身份证号码：510623196510109876 |

共100条 1 2 3 4 5 共10页

图 9-10 事件抓拍统计示例

系统会把每一次触发预警的事件，抓拍人脸并比对身份的详细信息将其统计成列表，包括预警事件、预警类型、预警区域、事件截图、人脸截图、特征提取、状态、详情等信息，并可以通过预警时间、事件类型等条件快速查询预警信息。

（4）警情上报统计。警情上报统计示例如图 9-11 所示。

| 序号 | 使用单位 | 分析服务器 | 预警时间 | 预警区域 | 详细位置 | 预警类型 | 事件截图 | 事件录像 | 身份确认 | 上报情况 | 负责人 |
|---|---|---|---|---|---|---|---|---|---|---|---|
| 1 | 英山监狱 | 注：服务器名称 | 2019-07-30 12：04：06 | 注：对应摄像机分组 | 注：对应摄像机名称 | 求救预警 | 现场照片 | 录像文件 | 人脸截图 | 已上报至监狱管理局 | 张三 |
| 1 | 中渡监狱 | 注：服务器名称 | 2019-07-30 12：04：06 | 注：对应摄像机分组 | 注：对应摄像机名称 | 求救预警 | 现场照片 | 录像文件 | 人脸截图 | 已上报至监狱管理局 | 张三 |
| 1 | 广西女监 | 注：服务器名称 | 2019-07-30 12：04：06 | 注：对应摄像机分组 | 注：对应摄像机名称 | 求救预警 | 现场照片 | 录像文件 | 人脸截图 | 已上报至监狱管理局 | 张三 |
| 1 | 中渡监狱 | 注：服务器名称 | 2019-07-30 12：04：06 | 注：对应摄像机分组 | 注：对应摄像机名称 | 求救预警 | 现场照片 | 录像文件 | 人脸截图 | 已上报至监狱管理局 | 张三 |
| 1 | 广西女监 | 注：服务器名称 | 2019-07-30 12：04：06 | 注：对应摄像机分组 | 注：对应摄像机名称 | 求救预警 | 现场照片 | 录像文件 | 人脸截图 | 已上报至监狱管理局 | 张三 |

图 9-11 警情上报统计示例

系统会把所有的警情上报事件统计制成列表，包括某一事件是由哪一个单位、哪一台分析服务器、预警时间、预警区域、详细位置、预警类型、事件截图、事件录像、身份确认、上报情况、负责人等信息，并可以通过预警时间、事件类型等条件快速查询预警信息。

（5）警情超时未处理统计。警情超时未处理统计如图 9-12 所示。

系统会把所有值班分控中心账户未及时处理的事件统计制成列表，包括某一

| 序号 | 使用单位 | 分析服务器 | 预警时间 | 预警区域 | 详细位置 | 预警类型 | 事件截图 | 事件录像 | 身份确认 | 事件结果 | 负责人 |
|---|---|---|---|---|---|---|---|---|---|---|---|
| 1 | 英山监狱 | 注：服务器名称 | 2019-07-30 12：04：06 | 注：对应摄像机分组 | 注：对应摄像机名称 | 求救预警 | 现场照片 | 录像文件 | 人脸截图 | 未处理 | 张三 |
| 1 | 中渡监狱 | 注：服务器名称 | 2019-07-30 12：04：06 | 注：对应摄像机分组 | 注：对应摄像机名称 | 求救预警 | 现场照片 | 录像文件 | 人脸截图 | 未处理 | 张三 |
| 1 | 广西女监 | 注：服务器名称 | 2019-07-30 12：04：06 | 注：对应摄像机分组 | 注：对应摄像机名称 | 求救预警 | 现场照片 | 录像文件 | 人脸截图 | 未处理 | 张三 |
| 1 | 中渡监狱 | 注：服务器名称 | 2019-07-30 12：04：06 | 注：对应摄像机分组 | 注：对应摄像机名称 | 求救预警 | 现场照片 | 录像文件 | 人脸截图 | 未处理 | 张三 |
| 1 | 广西女监 | 注：服务器名称 | 2019-07-30 12：04：06 | 注：对应摄像机分组 | 注：对应摄像机名称 | 求救预警 | 现场照片 | 录像文件 | 人脸截图 | 未处理 | 张三 |

**图 9–12　警情超时未处理统计示例**

事件出现在哪一个单位、哪一台分析服务器、预警时间、预警区域、详细位置、预警类型、事件截图、事件录像、身份确认、上报情况、负责人等信息，并可以通过预警时间、事件类型等条件快速查询报警信息。

### 9. 多级报警功能

在设计多级报警时，我们根据每个层级负责的工作和关注的事情不同，可以发现对应的工作也不相同。

多级报警功能逻辑示意图，如图 9–13 所示。

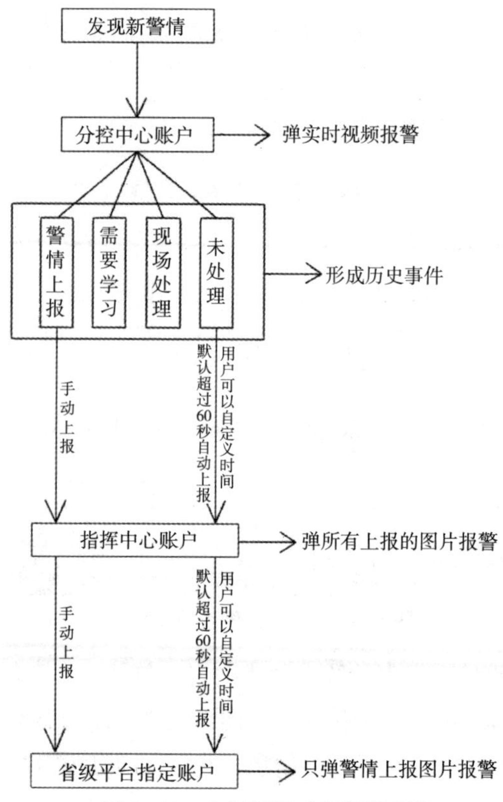


**图 9–13　多级报警功能逻辑示意**

在图 9–13 中，我们把整个报警系统分为三级管理级别：分控中心、指挥中心、省监狱管理局。

（1）第一级：分控中心（执行层）。

①每一次 AI 行为识别算法服务器在检测到新警情时，首先是告警触发区域对应的分控中心，该分控中心账户会立即收到本次预警。

②如果分控中心的值班民警在收到本次预警后，认为本次预警在可控范围内，可自行解决，则可以选择现场处理。

③如果分控中心发现本次预警属于重大警情，需要按规定上报处理时，那么可以选择手动上报。

④然而，如果分控中心没有对本次警情作任何处理，且超过规定时间，那么系统会自动上报到指挥中心。

（2）第二级：指挥中心（管理层）。

①指挥中心不直接接收任何场所的实时弹屏报警。

②所有报警信息先经过分控中心处理之后，只有重大警情和超时未处理警情这两类警情，才会上报到指挥中心。

③同时，指挥中心承担着重大警情继续上报到省局的职责。

④假如分控中心有超时未处理警情上报到了指挥中心，而指挥中心也没有及时处理，那么超过系统规定时间也同样会自动上报到省局。

通过对历史事件进行分析，可以得出高危区域和高危时段两种风险指数，以及各单位、各值班账户的警情态势分析。

（1）高危区域分析。高危区域分析示例如表 9-3 所示。

**表 9-3　高危区域分析示例**

| 序号 | 高危区域 | 详细位置 | 预警类型 | 警情上报 | 现场处理 |
|---|---|---|---|---|---|
| 1 | 一区 | 2 号摄像机 | 求救预警 | 100 | 50 |
| 2 | 一区 | 2 号摄像机 | 求救预警 | 100 | 50 |
| 3 | 一区 | 2 号摄像机 | 求救预警 | 100 | 50 |
| 4 | 一区 | 2 号摄像机 | 求救预警 | 100 | 50 |
| 5 | 一区 | 2 号摄像机 | 求救预警 | 100 | 50 |
| 6 | 一区 | 2 号摄像机 | 求救预警 | 100 | 50 |
| 7 | 一区 | 2 号摄像机 | 求救预警 | 100 | 50 |
| 8 | 一区 | 2 号摄像机 | 求救预警 | 100 | 50 |
| 9 | 一区 | 2 号摄像机 | 求救预警 | 100 | 50 |
| 10 | 一区 | 2 号摄像机 | 求救预警 | 100 | 50 |
| 11 | 一区 | 2 号摄像机 | 求救预警 | 100 | 50 |

系统会根据报警区域、详细位置、事件类型、警情上报次数、现场处理次数等数据统计，依次统计出高危区域，当管理者看到这些数据，就可对这些高危区域进行重点关注，并提前做好防控措施。

（2）高危时段分析。高危时段分析示例如表 9-4 所示。

**表 9-4　高危时段分析示例**

| 序号 | 高危时段 | 预警类型 | 警情上报 | 现场处理 |
|---|---|---|---|---|
| 1 | 00：00~01：00 | 求救预警 | 60 | 120 |
| 2 | 00：00~01：00 | 求救预警 | 60 | 120 |
| 3 | 00：00~01：00 | 求救预警 | 60 | 120 |
| 4 | 00：00~01：00 | 求救预警 | 60 | 120 |
| 5 | 00：00~01：00 | 求救预警 | 60 | 120 |
| 6 | 00：00~01：00 | 求救预警 | 60 | 120 |
| 7 | 00：00~01：00 | 求救预警 | 60 | 120 |
| 8 | 00：00~01：00 | 求救预警 | 60 | 120 |
| 9 | 00：00~01：00 | 求救预警 | 60 | 120 |

系统把一天的 24 小时分为了 24 个时段，每一个小时为一个时段，系统会根据每个时段的预警类型、预警次数、警情上报次数、现场处理次数等数据统计出高危时段，并依次按排名进行统计，当管理者看到这些数据，就可对高危时段进行重点关注，并提前做好防控措施。

**10. 执勤管理功能设计**

执勤管理功能是指通过对所有三级账户（分控中心）的管理，能更清楚、更详细地了解到各执勤部门的工作状态。

在系统主界面有个警情态势分析，如图 9-14 所示。

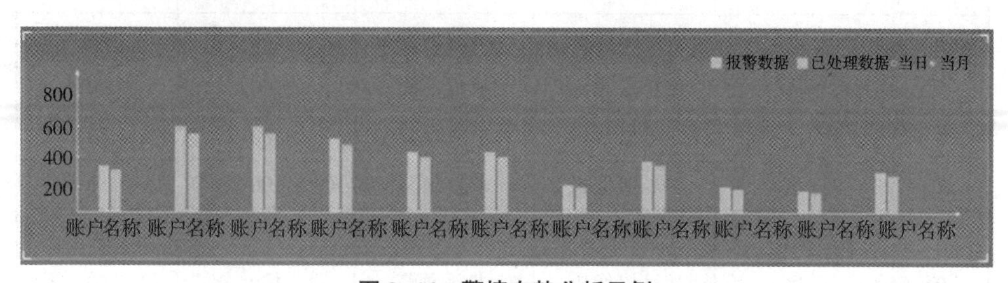


**图 9-14　警情态势分析示例**

系统会把每个三级账户（分控中心）的预警次数和已处理的警情次数统计出来，形成态势分析图。当两个柱状图基本持平时，表示该账户执勤工作很到位。当两个柱状图有一定高度的差异时，表示该账户执勤工作很不到位，那么管理者可以通过本图，简单明了地查看各值班岗位负责区域的警情发生情况和处置情况等。

在数据分析列表中，有执勤统计列表分析，如图9-15所示。

| 序号 | 值勤部门 | 负责人 | 预警次数 | 上报警情 | 现场处理 | 已处理 | 超时未处理 | 状态/% |
|---|---|---|---|---|---|---|---|---|
| 1 | 3号值班岗 | 李四 | 120次 | 2次 | 50次 | 50次 | 1次 | 100% |
| 2 | 4号值班岗 | 李四 | 160次 | 2次 | 50次 | 50次 | 5次 | 93% |

**图9-15 执勤统计列表分析示例**

系统会把所有分控中心的值班情况进行排名统计，统计列表包括是哪个执勤部门、负责人是谁、一共发现了多少次警情、其中上报了多少次警情、现场处理多少次警情、累计已处理多少次警情、警情超时未处理的次数、执勤状态等数据。

排名最前面的账户，是执勤工作最到位的岗位，以此类推。这些数据也可以作为绩效来进行考核。

**11. 地图功能设计**

在主界面弹屏窗口，只有产生新警情时，才会弹屏将图像转至实时视频画面；没有新警情产生时，这里则会展示报警地图。

（1）GIS地图。GIS地图采用的是离线地图，且需定期更新模式。用户可以在地图上勾选出项目位置，可以在地图上标注摄像机，编辑摄像机的名称、IP地址、编号等信息。单击摄像机图标可以看到这一路摄像机的实时画面。在预警时，该摄像机图标会出现新的警情提示。

（2）平面地图。平面地图支持JPG、PNG等格式，用户可以自行绘制平面地图并将其导入系统中，在平面地图上标注摄像机、编辑摄像机的名称、IP地址、编号等信息。单机摄像机图标可以看到这一路摄像机的实时画面。在预警时，该摄像机图标会出现新的警情提示。

**12. 区域管控功能**

不同等级的账户，由于职责不同，其关注点也不同，因此负责的工作都不相同。在区域管控功能设计里面，细分了多个不同等级账户的区域管控见图9-16。

一级账户，作为系统管理员或者单位领导们的使用账户，其具备全部权限，可以看到所有区域的相关数据和预警。

二级账户，作为指挥中心，它也具备全部权限，可以看到所有区域的相关数据和三级账户上报过来的警情。

三级账户，作为分控中心，负责该账户的管理人员就只需要对自己管辖的区

用户：admin ▾ 账户等级：A ▾ 用户身份 系统管理员

全区管控： 开启 ☑关闭

局部管控：

| | | | | |
|---|---|---|---|---|
| ⊖行为分析服务器： | 192.168.31.100 | 设备名称：围墙服务器 | | 管控权限 |
| 摄像机1： | 192.168.31.101 | 设备名称：A围墙 | 实时预览 | 管控权限 |
| 摄像机2： | 192.168.31.103 | 设备名称：B围墙 | 实时预览 | 管控权限 |
| 摄像机3： | 192.168.31.105 | 设备名称：C围墙 | 实时预览 | ☑管控权限 |
| 摄像机4： | 192.168.31.105 | 设备名称：C围墙 | 实时预览 | 管控权限 |
| 摄像机5： | 192.168.31.105 | 设备名称：C围墙 | 实时预览 | 管控权限 |
| 摄像机5： | 192.168.31.105 | 设备名称：C围墙 | 实时预览 | 管控权限 |
| 摄像机5： | 192.168.31.105 | 设备名称：C围墙 | 实时预览 | 管控权限 |
| 摄像机5： | 192.168.31.105 | 设备名称：C围墙 | 实时预览 | ☑管控权限 |
| 摄像机5： | 192.168.31.105 | 设备名称：C围墙 | 实时预览 | 管控权限 |
| 摄像机5： | 192.168.31.105 | 设备名称：C围墙 | 实时预览 | 管控权限 |
| 摄像机5： | 192.168.31.105 | 设备名称：C围墙 | 实时预览 | ☑管控权限 |
| 摄像机5： | 192.168.31.105 | 设备名称：C围墙 | 实时预览 | ☑管控权限 |
| 摄像机5： | 192.168.31.105 | 设备名称：C围墙 | 实时预览 | 管控权限 |
| 摄像机5： | 192.168.31.105 | 设备名称：C围墙 | 实时预览 | 管控权限 |
| ⊙目标分析服务器： | 192.168.31.100 | 设备名称：围墙服务器 | | ☑管控权限 |
| ⊙视频结构化服务器： | 192.168.31.100 | 设备名称：围墙服务器 | | ☑管控权限 |
| ⊙行为分析服务器： | 192.168.31.100 | 设备名称：围墙服务器 | | 管控权限 |
| ⊙行为分析服务器： | 192.168.31.100 | 设备名称：围墙服务器 | | 管控权限 |

**图 9-16 不同等级账户的区域管控示例**

域负责，他们可以看到管辖区域内的相关数据和预警。

区域管控功能还跟事件类型、事件统计、事件抓拍、警情上报统计、警情超时未处理统计、高危时段、高危区域数据，以及区域内的预警弹屏有关。某个账户负责哪些区域，就只可以看到该区域内的相关数据。

## 第二节 设备简介

AI 行为识别预警系统的主要设备包括管理平台、应用平台、算法服务器三种。以司法行业为例，这三种产品的应用方式如下所述。

管理平台可当作省级平台来用，部署在省监狱管理局，管理全省监狱的应用平台。应用平台就部署在各监狱单位，管理该监狱内的所有算法服务器。

算法服务器主要用于分析和产生告警。

**1. 管理平台**

（1）设备简介。管理平台全称为 AI 行为识别管理平台。其系统支持 Windows 系统和 Linux 系统，采用 B/S 架构、Web 登录方式，可通过专网、外网等方式级联，主要负责管理 AI 行为识别应用平台，通过采集应用平台的数据和接收应用平台的报警，达到集中管理的目的。

应用平台全称为 AI 行为识别综合应用平台。其系统支持 Windows 系统和 Linux 系统，采用 B/S 架构，Web 登录方式，可通过内网、局域网等方式级联，主要负责管理 AI 行为识别算法服务器，以及负责本公司旗下的另外两款算法服务器（AI 目标分析算法服务器、AI 视频结构化算法服务器），通过采集各算法服务器的数据，达到集中管理的目的，并负责推送警情到上一级管理平台。

（2）设备外观见图 9-17。

图 9-17　设备外观

（3）设备硬件参数见表 9-5。

表 9-5　设备硬件参数

| 类目 | 参数 |
|---|---|
| 机箱 | 2U 机架式服务器机箱 |
| 主板 | 超微 X10DQHR 服务器主板 |
| CPU | 英特尔至强 E5 2678×2 颗 |
| 内存 | 金士顿 ECC 服务器专用内存 16G×2 |
| 电源 | 超微冗余电源 1600W，双电源 |
| 系统盘 | 金士顿 SSD 服务器硬盘 240G×2 |
| 存储盘 | 阵列服务器硬盘 4TB×2 |

（4）设备系统参数见表 9-6。

表 9-6　设备系统参数

| 项目 | 内容 | 详情 |
|---|---|---|
| 基本参数 | 操作系统 | 支持 Linux 系统和 Windows 系统双系统 |
| | 系统架构 | B/S 架构，同时支持 B/S 登录和 C/S 登录 |
| | 组网方式 | 支持专网、外网组网方式 |

续表

| 项目 | 内容 | 详情 |
| --- | --- | --- |
| 用户管理 | 创建用户 | 支持用户创建多用户管理 |
| | 用户等级 | 支持用户分等级进行管理（一、二、三三级管理），不同等级对应不同的身份（系统管理员、指挥中心、分控中心） |
| | IP 绑定功能 | 支持各账户绑定计算机 IP 使用 |
| | 权限管理 | 不同等级的用户默认不同的权限，支持 Admin 账户修改权限 |
| | 区域管控 | 支持根据账户等级和权限，设置不同的管控区域，A 类账户具备全部管理权限和全部区域管控权限；B 类账户具备全部区域管控权限；C 类账户具备管辖区域内的权限 |
| 设备管理 | 管理功能 | 支持管理下级应用平台，采集应用平台的数据，接收应用平台上报的警情 |
| | 查看功能 | 支持查看应用平台及应用平台下的算法服务器列表、在线状态、运行情况等 |
| 事件管理 | 统计功能 | 支持统计各应用平台的所有告警数据，并按事件类型、当日报警数据、当月报警数据、总报警数据等进行统计，支持对重点关注事件推送到主界面 |
| | 事件统计 | 支持统计各应用平台的所有历史事件，按使用单位、算法服务器 ID、预警时间、预警区域、预警详细位置、预警事件类型、事件截图、录像文件、事件结果、处理该事件的相关负责人，以及该事件目前的状态综合排序，支持按使用单位、预警类型、预警起止时间段等条件查询相关数据 |
| | 抓拍统计 | 支持统计各应用平台的所有事件的抓拍数据，按预警时间、使用单位、详细位置、预警类型、事件截图、事件录像、抓拍截图、人体特征提取、识别状态、识别详情结果综合排序，支持按使用单位、预警类型、预警起止时间段等条件查询相关数据 |
| | 警情上报统计 | 支持统计各应用平台的所有重大警情上报事件数据，按使用单位、算法服务器 ID、预警时间、预警区域、详细位置、预警类型、事件截图、事件录像、身份确认、上报情况、事件上报负责人信息进行综合排序，支持按使用单位、预警类型、预警起止时间段等条件查询相关数据 |
| | 警情超时未处理统计 | 支持统计各应用平台的所有警情超时未处理上报数据，按使用单位、算法服务器 ID、预警时间、预警区域、详细位置、预警类型、事件截图、事件录像、身份确认、事件结果、事件上报负责人信息进行综合排序，支持按使用单位、预警类型、预警起止时间段等条件查询相关数据 |

续表

| 项目 | 内容 | 详情 |
| --- | --- | --- |
| 数据分析 | 高危区域分析 | 根据各应用平台提供的数据，按单位名称、高危区域、详细位置、事件类型、重大警情上报次数、现场处理警情次数统计高危区域的排名，支持推送该数据到主界面，支持按使用单位、时间段查询相关数据 |
| | 高危时段分析 | 根据各应用平台提供的数据，按单位名称、高危时段（按每天 24 小时，每一个小时为一个时间段）、预警类型、重大警情上报次数、现场处理警情次数统计高危时段排名，支持按使用单位、时间段查询相关数据 |
| | 执勤管理分析 | 根据各应用平台提供的数据，按单位名称、执勤部门、负责人、预警次数、重大警情上报次数、现场处理次数、已处理所有警情次数、超时未处理警情次数、处理率统计，按排名分析出当月、当日执勤最佳和最差的单位及负责人，并作为绩效进行考核，支持推送该数据到主界面，支持按使用单位、时间段、当日、当月查询相关数据 |
| 警情管理 | 警情报警 | 支持主界面弹屏显示各应用平台上报过来的重大警情，支持图片弹屏预警模式 |
| | 接收警情 | 支持接收各应用平台的重大警情上报和超时未处理警情上报功能 |
| 高级管理 | 弹屏管理 | 支持主界面弹屏功能，支持设置各账户是否需要弹屏功能，弹屏支持 1/4/9 画面弹屏模式，弹屏窗口为地图展示面积窗口的 75% |
| | 预警声音 | 支持重大警情上报时播报事件名称、由哪个平台推送的本次预警 |
| | 地图功能 | 支持 GIS 地图或 JPG、PNG 等多种格式的平面地图显示在主界面。支持在地图上勾选出各应用平台所在项目地址、可标记出项目地址的相关信息，可联动各应用平台所在项目的预警提示等 |
| | 警情上报逻辑设置 | 支持设置接收各应用平台上报的警情到指定账户报警 |
| | 日志管理 | 支持各账户登录、修改、删除、查看各种日志，系统默认保存日志 12 个月 |
| 其他参数 | 系统对接 | 支持 SDK 开发对接 |
| | 平台对接 | 支持平台级联 |

**2. 软件介绍**

（1）主界面介绍。

系统信息展示：支持替换软件开发商 Logo、系统名称等信息。

事件关注展示：支持设置需要重点关注的事件在主界面展示，并可以直观地看到重点关注事件的当月、当日报警数据。

高危区域展示：支持下级单位高危区域统计展示，可直观地看到哪些单位的哪些区域属于高风险区域，支持按当月、当日数据切换展示。

执勤统计展示：支持下级单位所有执勤账户按执勤状态展示，可直观地看到各单位各执勤账户的执勤情况，支持按当月、当日查看执勤情况。

地图展示：支持 GIS 地图、JPG 或 PNG 平面地图展示，支持下级单位在上报重大警情时展示在地图界面，联动地图预警。

上报的警情展示：支持下级单位上报重大警情展示，可直观地看到本次上报的重大警情的相关截图、录像文件及该事件的基础信息等，可看到一共有多少条上报记录。

超时未处理警情展示：支持下级单位在发生警情时未及时处理而自动上报到平台展示，可直观地看到本次未处理警情的相关截图、录像文件及该事件的基础信息等，可看到一共有多少条上报记录。

各单位警情态势分析展示：支持统计所有下级单位发生了多少次警情，处理了多少次警情，当月数据展示、当日数据展示分析态势图。

（2）软件介绍。

系统信息展示：支持替换软件开发商 Logo、系统名称等信息。

高危区域展示：支持高危区域展示，可直观地看到哪些区域属于高风险区域，支持按当月、当日数据切换展示。

高危时段展示：支持高危时段展示，可直观地看到哪个时间段属于高风险时段，支持按当月、当日数据切换展示。

执勤统计展示：支持所有执勤账户按执勤状态展示，可直观地看到各执勤账户的执勤情况，支持按当月、当日查看执勤情况。

事件列表展示：支持所有算法服务器检测到事件后以列表的形式展示在主界面上，可看到预警事件、预警位置、预警事件类型、事件处理状态等信息。

地图展示：支持 GIS 地图、JPG 或 PNG 平面地图展示，支持算法服务器在检测到报警后，将其推送到地图展示窗口，调用实时视频流弹屏展示。支持地图联动设备预警，支持直接从地图上选择摄像机查看实时视频画面。

事件关注展示：支持设置需要重点关注的事件在主界面的展示，可以直观地看到重点关注事件的当月、当日报警数据。

人脸比对/黑名单预警展示：支持展示手动实时比对人脸功能，可切换成展示黑名单预警的相关信息。

重点关注画面/上报的警情展示：C 类账户支持各账号从管辖区域内的摄像机列表中抽取一路视频实时播放展示，B 类账户支持由 C 类账户手动上报警情后的展示。

历史事件展示：支持所有权限区域内的未处理事件展示，可直观地看到该事件的相关截图、录像、基础位置、拍摄时间等信息。

各账号警情态势分析/事件抓拍展示：支持统计所有值班账户的警情态势分析，可直观地看到各账户处理了多少次警情，当月、当日数据展示分析态势图，可切换展示事件抓拍人脸的情况。

**3. 算法服务器**

（1）设备简介。算法服务器全称为 AI 行为识别预警系统算法服务器，Linux 系统支持 X86 架构和 ARM 架构。可通过内网、局域网等连接方式采集监控局域网中的视频流，支持通过 RTSP、RTMP、Onvif、GB 28181 等多种协议把视频流接入系统进行分析，核心算法采用 AI 神经网络的深度学习，并行人脸识别算法、人体识别算法、物体识别算法，可分析人员出现侦测、人员越界侦测、人员打架侦测、人员徘徊/滞留侦测等 20 多种异常行为，分析到异常行为后，该系统可存储相关截图和录像短视频，并负责推送相关预警数据到应用平台，同时支持 SDK 的二次开发。

（2）设备外观。算法服务器前面板示例见图 9-18。

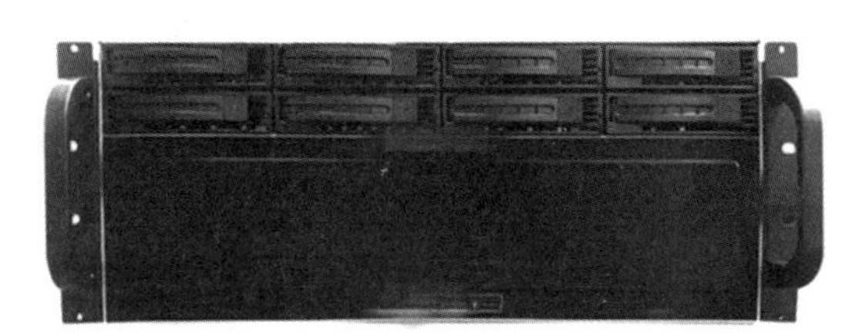

**图 9-18　算法服务器前面板示例**

算法服务器内部示例见图 9-19。

**图 9-19　算法服务器内部示例**

（3）硬件参数。

配置一：民用级服务器（该配置每年都会更新，见表9-7）。

**表 9-7　民用级服务器配置详情**

| 项目 | 16 路设备详情 | 32 路设备详情 |
| --- | --- | --- |
| 机箱 | 4U 机架式全金属机箱，尺寸 460mm×450mm×175mm | |
| 主板 | 技嘉主板 | |
| CPU | 英特尔酷睿第九代 I3 | 英特尔酷睿第九代 I5 |
| 内存 | 金士顿 8G×1 | 金士顿 8G×2 |
| 显卡 | AI 深度学习 GPU 卡×1 | AI 深度学习 GPU 卡×2 |
| 电源 | 航嘉 500W 电源 | 航嘉 600W 电源 |
| 系统盘 | 金士顿 120G 企业级 SSD | |
| 存储盘 | 希捷 1TB 存储盘 | 希捷 2TB 存储盘 |

配置二：商用级服务器（该配置每年都会更新，见表 9-8）。

**表 9-8　商用级服务器配置详情**

| 项目 | 32 路设备详情 | 64 路设备详情 | 128 路设备详情 |
| --- | --- | --- | --- |
| 机箱 | 热插拔 4U 机架式服务器，尺寸 460mm×650mm×175mm | | |
| 主板 | 超微 X10DQFH2 服务器主板（INTELC612）芯片 | | |
| CPU | 英特尔至强 E5-2678V2×1 | 英特尔至强 E5-2678V2×2 | |
| 内存 | 金士顿 EEC 16G×1 | 金士顿 EEC 16G×2 | 金士顿 EEC 16G×4 |
| 显卡 | AI 深度学习 GPU 卡×2 | AI 深度学习 GPU 卡×3 | AI 深度学习 GPU 卡×4 |
| 电源 | 1600W 冗余电源 | | |
| 系统盘 | 三星 PRO5 企业级 250G　服务器级 SSD 硬盘 | | |
| 存储盘 | 希捷 2TB 存储盘 | 希捷 4TB 存储盘 | 希捷 8TB 存储盘 |

（4）软件参数见表 9-9。

**表 9-9　服务器软件参数详情**

| 项目 | 内容 | 详情 |
| --- | --- | --- |
| 系统 | 操作系统 | Linux server 18. 04 |
| | 核心算法 | AI 神经网络的深度学习算法 |
| | 并行算法 | AI 人脸识别算法、AI 人体识别算法、AI 物体识别算法 |
| | 授权许可 | 16 路/32 路/64 路/128 路 |

续表

| 项目 | 内容 | 详情 |
| --- | --- | --- |
| 分析能力 | 分析算法 | 可分析人员出现侦测、人员越线侦测、人员攀高侦测、人员徘徊/滞留侦测、人员打架侦测、人员离床侦测、人员独处侦测、人员短时间内快速聚集侦测、警察离岗/脱岗侦测、警察睡岗侦测、不明物体出现侦测、警察/服刑人员/外来人员服装侦测、视频信号异常侦测 |
| | 其他分析算法 | 可分析人员紧急求救侦测、人员长时间倒地不起侦测、人员尾随侦测、人员中途突然离开侦测、审讯单人提审侦测等 |
| | 分析算法定制 | 支持用户根据需求定制各种关于人、人+物体的侦测 |
| | 计算能力 | 支持同一路视频流同时计算分析多种异常行为，计算能力不受算法本身限制，仅受硬件计算资源限制 |
| | 分析计算方式 | 消耗GPU显卡计算资源 |
| | 分析计算支持 | 支持多张GPU卡并行叠加算力和均衡算力 |
| | 分析处理 | 支持同时触发多种异常事件时规整为同一数据文件，支持按事件不同等级先后预警 |
| | 分析速度 | 自分析开始到判定出结果并生成预警时间不大于1秒 |
| | 算法运行逻辑 | 核心算法计算人的异常动作行为，人脸活体算法进一步判断检测目标是活人，人脸识别算法抓拍比对人的身份，人体识别算法提取目标的身体特征，物体识别算法检测人身上的物体 |
| 事件管理 | 事件存储 | 支持每次预警后系统自动存储一张照片和一段录像短视频，组合成一次历史事件记录，事件录像支持用户自定义标准（截取事件前后多长时间作为录像文件），最大支持30秒录像文件 |
| | 事件标记 | 支持事件截图标记人体骨架，事件录像标记目标 |
| | 事件处置 | 支持对每次事件进行处置，每次新事件状态均为未处理状态，处理后可让本次事件变成警情上报、现场处理、需要学习三种结果 |
| | 事件查询 | 支持按事件类型、时间、摄像机ID号等条件进行查询 |
| | 事件统计 | 支持按月、日统计各种事件预警数据 |
| | 事件二次学习 | 支持搜集所有需要学习的素材，可通过局域网、云的方式提供给自学习系统的二次学习 |

续表

| 项目 | 内容 | 详情 |
| --- | --- | --- |
| 预警管理 | 预警方式 | 支持调用同步视频流弹屏预警，支持调用事件对应音频预警 |
| | 预警速度 | 调用同步视频流速度弹屏显示出来不大于 2 秒 |
| | 弹屏规则 | 如果事件在持续发生，系统就会持续弹屏。事件结束，弹屏延时 5 秒后自动息屏 |
| | 远程预警 | 支持 IQS 和安卓系统的移动终端 App 预警 |
| | 预警显示 | 最大支持 9 个画面同时预警弹屏，支持 1/4/9 三种显示格式，单个画面预警采用 1 画面显示，2 个以上画面预警采用 4 画面显示，5 个以上画面预警采用 9 画面显示 |
| 网络与兼容 | 组网方式 | 支持内网、局域网组网 |
| | 支持网络 | 支持双网络设置 |
| | 通信协议 | 支持 RTSP、RTMP、Onvif、GB 28181 等主流协议 |
| | 数据协议 | 支持 HTTP、HTTPS、FTB 等协议推送数据 |
| | 兼容能力 | 支持兼容第三方品牌的监控设备接入系统进行分析 |
| 工作方式 | 工作方式 | 从监控局域网中取 RTSP 流进行分析、弹屏、存储 |
| | 取流方式 | 支持摄像机、录像机、各种监控管理平台取流 |
| | 设置方式 | 支持通过输入正确的视频流地址、提供视频流设备的用户名、密码等信息后，开始取流工作 |
| | 设置规则 | 支持一路视频流添加多种分析规则，支持每一种分析规则分别设置相关识别区域、识别时间段、识别灵敏度等参数 |
| 系统介绍 | 系统架构 | 算法服务器自带客户端功能、B/S 架构，支持 B/S 架构和 C/S 架构登录 |
| | 系统登录 | 算法服务器为无界面模式，仅支持开机登录后设置局域网 IP 地址后用 web 登录 |
| | 用户管理 | 支持使用算法服务器自带的客户端，分三级管理用户（系统管理员、管理者、普通使用者），系统默认用户权限 |
| | 界面预览 | 主界面最大支持 16 画面实时预览，预览显示分 1/4/9/16 多种分屏模式，弹屏时自动切换预览 |
| | 界面展示 | 主界面支持实时预览及弹屏展示、事件抓拍展示、事件类型及预警数据展示、事件列表展示、历史事件展示 |

续表

| 项目 | 内容 | 详情 |
|---|---|---|
| 集群功能 | 集群管理 | 支持同一个局域网下多台服务器的集群管理，支持指定任意服务器为中心服务器，并由中心服务器统一安排计算、存储 |
| | 系统备份 | 系统数据支持单机工作模式下手动备份，多机工作模式下自动备份，存储数据支持阵列备份 |
| 人脸功能 | 人脸档案 | 支持用户创建或导入人脸档案 |
| | 人脸应用 | 支持系统触发预警后抓拍人脸，比对身份，支持按事件类型选择开启或关闭人脸抓拍功能 |
| | 抓拍方式 | 支持事件触发预警后系统自动从事件前后30秒的录像文件中筛选出一张最清晰的人脸和人体组合图片作为抓拍比对图标 |
| | 比对方式 | 支持从人脸档案、历史记录中搜索相似度最高的目标进行比对，支持以图搜图比对 |
| | 其他功能 | 后期开发人脸点名、人脸轨迹、流量统计后逐步更新系统获得相关功能 |
| 其他 | 系统语音 | 支持简体中文、繁体中文、英文 |
| | 系统升级 | 支持本地升级和联网升级模式 |
| | 开发对接 | 支持SDK二次开发 |

（5）软件介绍。

界面Logo和系统名称：支持替换软件开发商Logo、系统名称等信息。

实时预览/弹屏界面展示：支持16画面实时预览功能，支持系统检测到预警后调用同步视频流弹屏预警展示，预警窗口尺寸为预览窗口尺寸大小的75%。

事件抓拍展示：支持系统触发预警后抓拍人脸并显示人脸相关信息。

事件类型展示：支持展示系统能分析的所有事件，以及事件产生的告警数据展示。

事件列表展示：支持按预警时间、预警位置、预警类型、事件状态统计成简单列表展示。

历史事件展示：支持最新历史事件产生时弹屏展示在主界面，可通过该历史事件看到事件截图照片、事件录像文件、事件相关信息、事件类型、待处理状态等。

# 第十章 智能照明系统与组态控制的应用

## 第一节 照明系统组态控制应用

现在随处可见学校教室、家用照明等线路在灯具照明时，使用的单灯单控、单灯双控、多路照明线路均是220V的交流电和传统灯具。尤其在学校实训室、开放式实训基地，在开放使用中，由于使用的是220V的照明用电，学生兴趣使然，但又未经历专业的培训和实训实践，易出现错接引起短路或断路不安全现象。再有一种现象是学生在下课后或自修完毕后没关灯，导致教室内、自修室或学生寝室在无人状态下灯长期亮灯，造成了电能的浪费。另外，灯具会产生热量，若长期处于高温会缩短灯具的使用寿命。目前很多学校、办公楼等地区根本没解决上述现象。

### 一、功能介绍

该装置通过管理层、网络层、设备感知层组成以太网，实现了数据传输给中心机管理，对实时数据进行分析、诊断，并对设备运行状态进行监测，通过控制器的通用化来实现智能照明的安全运行管理，达到了优化与节省能耗的目的，可分步骤地系统解决如下问题，以便于学生对相关知识的掌握和运用。

（1）可实现BCX-H816与BR50、上位机PC、触摸屏等设备的通信。

（2）可实现上位机PC控制任意回路的开断，理解无人值守与节人、节钱、节能的具体应用。

（3）可实现触摸屏现场控制任意回路的开和断。

（4）系统实现自动/手动转换，以便必要时对各灯组的开、断进行手动操作。

时间控制：根据上下班或是使用需求控制任意回路在固定时间段内自动开断；根据不同日期、不同时间、不同的照度，按照各个功能区域的运行情况预先进行光照度的设置，不需要照明的时候，保证将灯自动关掉，实现定时软启动、软关断的功能。

可接入各种传感器对灯光自动控制，如存在感应器可实现人来灯亮，人走灯灭（暗）的效果。

可控制任一回路连续调光，还可研究不同场景控制：可预先设置多个不同场景，据实际需要切换不同模式。

## 二、技术方案及常见问题

### 1. 技术方案

（1）BCX-H816 与 BR50、上位机 PC、触摸屏等设备的通信不上，一个设备通过一网络端口通信上，另一设备就无法通信。解决方法：先检查是否上电，再检查通信灯是否闪烁，确定前面正确无误后，重新打开网络与设置中心，设置 Internet 协议版本（TCP/IPv4）的 IP 地址（主要看是 1 段还是 2 段）设置同频，如 R50 的初始 IP 地址为 192. 168. 1. 200，所以应设置 PC 与之对接的网口 IP 地址为 192. 168. 1. X（X 为非 200 的任意值），如图 10-1 所示。

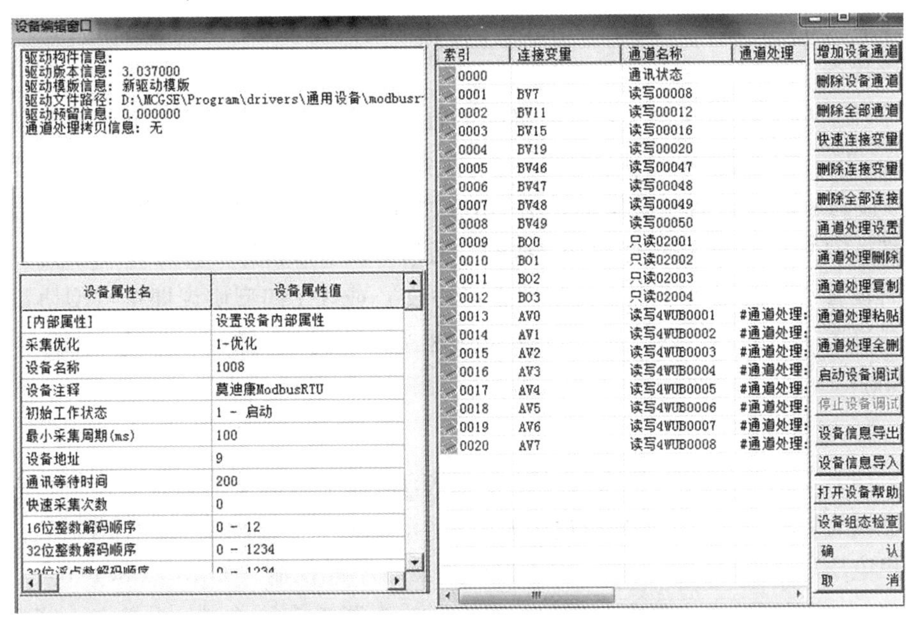


**图 10-1　R50 端口设置**

（2）触摸屏不能控制现场灯的状态。解决方法：在 MCGS 组态画面建立设备窗口，双击“设备——莫迪康 ModbusRTU”就会弹出“设备编辑窗口”，并在此界面上设置设备端属性，并可通过“增加设备通道”添加 BCX-H816 的点位到协议类型、数据类型、变量及通道地址上，并于组态画面上绑定与设备窗口建立的对应变量，见图 10-2。

（3）用 Vistools 编写模块程序不能实现手自动控制照明灯的状态。解决方法：四路照明 BO0、BO1、BO2、BO3 模拟不同场景下的照明回路，BV3 实现了在规定的时间段内自动开断。BV46-49 为总开关，BV7、BV11、BV15、BV19 实现手动开关，分别控制回路的输出。

（4）组态画面中的变量与通道不一致。解决方法：在设备编辑窗口对话框中要设置设备地址=MAC 地址+1，分块采集方式设定为按连续地址，凡是模拟量 AV 都要进行通道处理，把工程转换输入 IMAX 改为 1000，其他的 AV 复制粘贴；AV 变量通道类型输出寄存器，数据为读写方式，可改写；BV 变量为 0 区输出继电器，不需作通道处理，数据为读写方式；BO 变量为 0 区的输出继电器，不需作通道处理，只读状态。

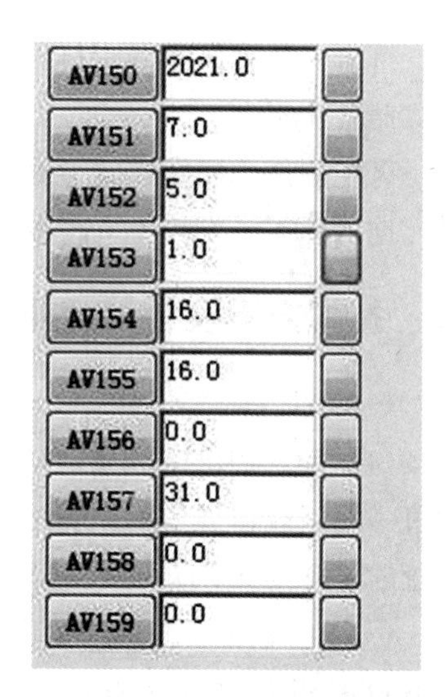


图 10-2　MCGS 通道变量设置

（5）BCX 控制模块与触摸屏协议不通。解决方法叙述如下。触摸屏的协议是 modbus 通信时：RS485、9600bps、8 个数据位、1 个停止位、无校验；默认地址=拨码地址+1，而照明模块是 H-BUS 协议，它们之间要进行通信协议匹配，即把 AV159/AV158 进行两次变量改动。通信协议参数指标：设置 AV159 为 244，此时设置 AV158 为 2（三型协议即整形协议）或 3（四型协议即浮点型协议），然后设置 AV159 为 243，此时设置 AV158 为 0（调整波特率，0 为 9600，1 为 76800）。

**2. 常见问题**

（1）该智能照明控制装置在遭遇故障的情况下可能不能正常工作，在人体感应器失效状态下，可能导致灯控失误动作，又想很容易地检测到来人信号，又不想电压过高引起安全问题，设备的硬件点也不能控制，如 IN 点和 BO 点，其中 IN 点可通过波动主板上的划片，解决方法为调整信号类型为干接点，调整电压为 0～10V，若对应的变量监测不到数据，则重新复位：即电流 4～20mA 或电压 0～10V，其中滑片拨到 1 对应干接点类型，拨到 2 对应 4～20mA，拨到 3 对应 0～10V，整体扩大数倍就可解决问题。

（2）PC 自动开关灯时与生活中的实际时间不匹配；PC 自动开关灯时希望与实际时间匹配。解决方法：调节 AV150-AV155，年、月、日、时、分、秒机载实时时钟，而该装置使用的是 BR-50 的系统时钟，要实现时钟同步，则需进入

VisToos 中选择协议—BACnet—器件管理—时钟同步—输入 BR50 的设备号，以便该装置与计算机时钟同步。

## 三、操作流程及产品功能

该智能照明装置是以物联网、通信技术，利用上位机 PC、网关 BR50、现场智能照明控制模块 BCX-H816、智能面板开关、人体感应器等组成以太网，再利用先进电磁调压及电子感应技术，实现管理层、传输通信层、控制层及设备感知层的互联互通，并利用 VisTools 模块编程软件与组态软件 MCGS 共建组态画面，再实现网络管理层、数据传输层、执行层之间的互联互通照明系统控制，以此来提高设备利用率，降低灯具和线路的工作温度和功率因素，达到优化与绿色节能供电目的。只要设置对应变量，VisTools 模块编程软件所用模块不多就能对灯进行智能控制，实现人来灯亮、人走灯灭；可实现预先设置时间对照明回路的控制；可实现手自动切换等。这个系统解决了以往照明系统的不安全性、操作的局限性、人不在时灯长明浪费电能的现象。实现对回路的实时控制、存储、分析以及现象诊断，并对各设备的运行进行监测与控制，以实现安全、高效能源管理的目标。

### 1. 操作流程

（1）按清单准备相关的设备，按线路图接好装置，检查线路见表 10-1。

**表 10-1　智能照明控制清单**

| 类别 | 名称 | 数量 | 单位 |
|---|---|---|---|
| 设备工具 | 网关 BR50 | 1 | 台 |
| | 灯具 | 4 | 个 |
| | 现场智能照明控制模块 BCX-H816 | 1 | 台 |
| | 人体感应器 SE-HM20W | 1 | 台 |
| | 智能控制面板 G1KG-R | 1 | 台 |
| | 触摸屏 HMI-X70 | 1 | 台 |
| | 漏电保护器 0KM7LE-63 | 1 | 个 |
| | 网线 | 1 | 条 |
| | 计算机 PC | 1 | 台 |
| | 短接跳线 | 3 | 条 |
| | VisTools 软件 | 1 | 套 |
| | MCGS 组态软件 | 1 | 套 |

①接完装置后，通电前先排查线路，把 220V 与 24V 分别断开查电，把 24V

的断开，通 220V 的电压，看 24V 插孔是否感应到 220V 的电压，看感应电压是否超过 10V，是否安全，是否干扰电压过大。

②设备供电，BR50 电源输入端接入 AC/DC24V、BCX-H816，BLC-621 电源输入端接入 AV220V；触摸屏与 BCX-H816、BR50 的电源是否是 AC/DC24V，观看相应的指示灯是否点亮。

③通电测试面板所有按键是否正常，手动拔动开关测试被控制灯具是否正常，触摸屏是否通电。

④系统按接线标识图把 BCX-H816 与 BR50、上位机 PC、触摸屏等设备进行连接通信，实现物物互联互通。

（2）BCX 智能照明设备与软件 VisTools 的连接。

①准备工作，设定智能照明模块 BCX-HXX 系列的拨码地址与 MAC 地址，如 BCX-H816 的拨码地址拨为 1，可确定其 MAC 地址为 1，BCX-H1216 拨码地址拨为 2，其 MAC 地址为 2。

②连接通信线，网关 BR50 与 BCX 设备通过通信线连接，确保 BR50 为通信线的起始端，通信线以手拉手的方式连接到三个 BCX 设备的 DA+/DA-，且需保证正接正、负接负。

③BR50 的网口通过直连网线连接到安装有 VisTools 的 PC 上。

④打开 VisTools→选择协议→bacnet 协议，点击“扫描”，即可在设备扫描窗口显示所有连接到的 BR50 和 BCX 设备。

⑤修改设备号。依次修改 BCX-H816 的设备号为 2101，BCX-H1216 的设备号为 2102，BCX-H816M8 的设备号为 2103。

（3）WEMATIC 触摸屏 HMI-TPCX70 与 BCX-H816 的连接，见图10-3、图 10-4。

①触摸屏 HMI-TPCX70 是 7 寸触摸屏，串口协议为标准的 modbus master 协议。触摸屏 HMI-TPCX70 电源接口接入 DC24V 的电压。

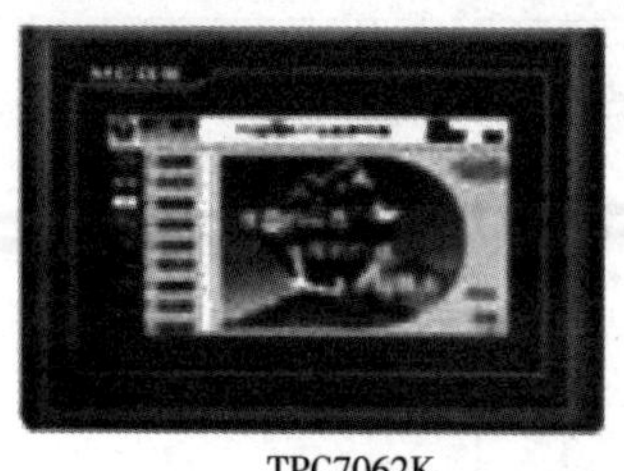

TPC7062K

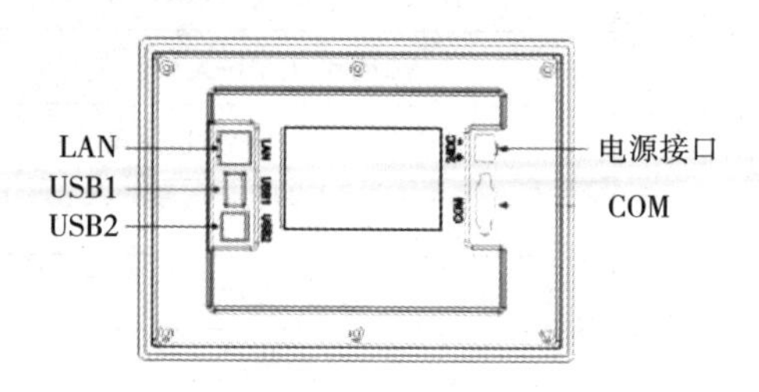


图 10-3 触摸屏正面和背面

②BR50 电源输入端接入 ADC24V 电压，BCX-H816M8 电源输入端接入 AV220V 电压，BR50 的 MS/TP 接口通过通信线接到 BCX-H816M8 的 D+/D-，

且正接正、负接负。

③设置 BCX-H816M8 的通信口为 modbus slave 协议。因为 BCX 设备的通信口默认协议为 S-Bus，且波特率默认为 76800bps，这种协议可以接按键、通信型人感等设备，所以要连接触摸屏，需将该通信口协议修改为 modbus slave。

| 接口 | PIN | 引脚定义 |
| --- | --- | --- |
| Com1 | 2 | RS232RXD |
|  | 3 | RS232TXD |
|  | 5 | GND |
| Com2 | 7 | RS485+ |
|  | 8 | RS485- |

串口引脚定义

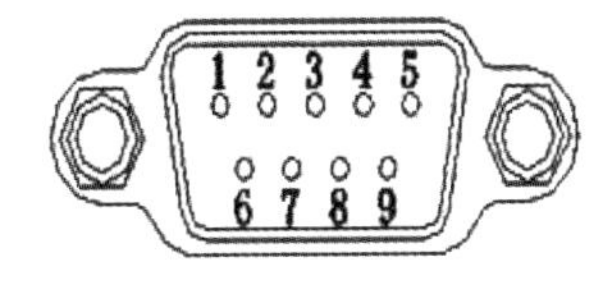


图 10-4　触摸屏与 BCX-H816 的连接

④触摸屏的 COM 口接入接头端子，端子的 7 和 8（7 正 8 负）通过通信线连接到 BCX-H816 的 modbus 口，接法为正接正、负接负。

（4）人体感应器与 BCX 设备的连接。人体感应器的电源 DC12V 接到 BCX 设备的 DC12V 输出端，OUT 和 GND 分别接到 BCX 设备的 INO 和 GND，人体感应器正背面如图 10-5 所示。

图 10-5　人体感应器正面和背面

设置 BCX 设备的 INO 为干接点信号，即将板子上的小滑片拨到 1 状态，然后在 VisTools 中配置 INO 为 0～10V 状态；退出端口配置，点击文件→保存，保存为逻辑程序文件。此时可实现在感应到人时，BIO 变为 ON，未感应到人时 BIO 为 OFF。

（5）构建组态监控画面。

①在安装有 MCGSE 组态软件的 PC 上，打开该软件建立组态画面。

②在“新建窗口”→“设备窗口”中，双击“设备窗口”弹出“设备组态：

设备窗口”。在“设备工具箱”中双击“通用串口父设备”和“莫迪康 Modbus-RTU”。双击“通用串口父设备”弹出设置窗口，在此可设置触摸屏通信串口的波特率、数据位、停止位、奇偶校验位等参数，此参数须跟所连 BCX 设备通信口的参数保持一致。BCX 的 modbus 口波特率已设置为 9600，其他参数默认为 8/1/无检验，所以此界面参数保持默认即可，见图 10-2 MCGS 设备通道变量设置。

③双击“设备——莫迪康 ModbusRTU”弹出“设备编辑窗口”，在此界面可设置设备端属性，并可通过“增加设备通道”添加 BCX-H816 的点位，协议类型、数据类型、变量及通道地址等参数见表 10-2。

**表 10-2　通信协议类型与变量地址**

<table>
<tr><th>协议类型</th><th>数据类型</th><th>变量</th><th>地址</th></tr>
<tr><td rowspan="5">3 型（整形 integer）</td><td rowspan="2">Holding register</td><td>AVx</td><td>0001+x</td></tr>
<tr><td>AOx（只读）</td><td>2001+x</td></tr>
<tr><td rowspan="3">Coil status</td><td>BVx</td><td>0001+x</td></tr>
<tr><td>BIx（只读）</td><td>1001+x</td></tr>
<tr><td>BOx（只读）</td><td>2001+x</td></tr>
<tr><td rowspan="6">4 型（浮点型 swapped FD）</td><td rowspan="3">Holding register</td><td>AVx</td><td>0001+2x</td></tr>
<tr><td>AIx（只读）</td><td>2001+2x</td></tr>
<tr><td>AOx（只读）</td><td>4001+2x</td></tr>
<tr><td rowspan="3">Coil status</td><td>BVx</td><td>0001+x</td></tr>
<tr><td>BIx（只读）</td><td>1001+X</td></tr>
<tr><td>BOx（只读）</td><td>2001+x</td></tr>
</table>

④双击新建的“窗口 0”，打开“动画组态窗口”和“工具箱”，在“工具箱”中选中“A”工具，在窗口中拖动鼠标，可添加标签到组态画面中，双击该标签打开“属性设置”窗口，分别设置“属性”“扩展属性”“显示输出”“按钮输入”，分别建立变量，并与组态画面绑定，如图 10-6 所示。

⑤在 MCGS 组态画面上绑定与设备窗口建立的对应变量。

⑥保存组态画面后，将其下载到触摸屏中，下载过程有多种，最简单是用 U 盘下载，之后制作 U 盘功能包，按步骤制作完成后，将 U 盘插到触摸屏的 USB 口，触摸屏即可自动识别 U 盘的组态并提示下载。

（6）利用 VisTools 编写模块程序。

①设定变量：利用系统定义 AV150-AV155：年、月、日、时、分、秒机载实时时钟，AV153 为周时间变量，设定 AV0/AV1/AV2/AV3 为周一至周五上班

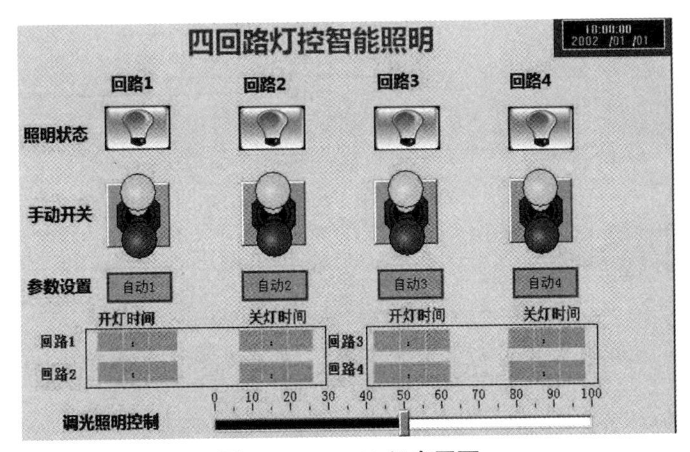


图 10-6 MCGS 组态画面

时间设置的开灯时间与关灯时间。设定 AV4/AV5/AV6/AV7 为每周六、周日不上班时的开灯时间与关灯时间，四路照明 BO0、BO1、BO2、BO3 模拟不同场景的照明回路，BV3 实现在规定的时间段内自动开断。BV46-49 为总开关，BV7、BV11、BV15、BV19 实现手动开关，分别控制四路输出，应用在上、下班定时开关灯节能场景，系统按照预先设置的程序，不但节能、节约人工成本，而且准时、全自动运行，如图 10-7 所示。

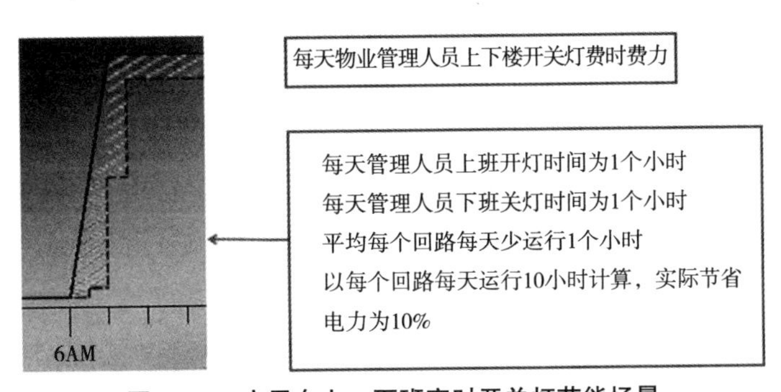


图 10-7 应用在上、下班定时开关灯节能场景

未采用照明控制系统：中午休息时间，人员外出就餐，电灯仍然全部打开。

采用照明控制系统：系统按照预先设置的程序，中午灯光关闭 50%，见图 10-8。

②完成指定模块的文件下载，输入已修改后的设备号，下载即可。

③通信设置、变量表定义。打开“bacnet 协议”→“变量表”，在弹出的变量表窗口→设备号中输入 2101、2102、2103（设备号可在扫描窗口中读出），点击“连接”，即可读出该设备的变量值。其中 I/O 变量为设备的硬件点，AV/BV 为设备的内部点，供编写逻辑或放置内存变量使用。

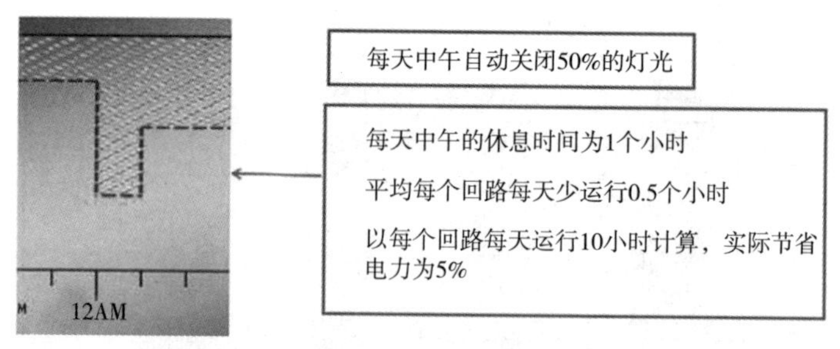


图 10-8　应用在中午休息时间的节能场景

④编写模块程序，厘清变量间的关系，具体模块程序见图 10-9。

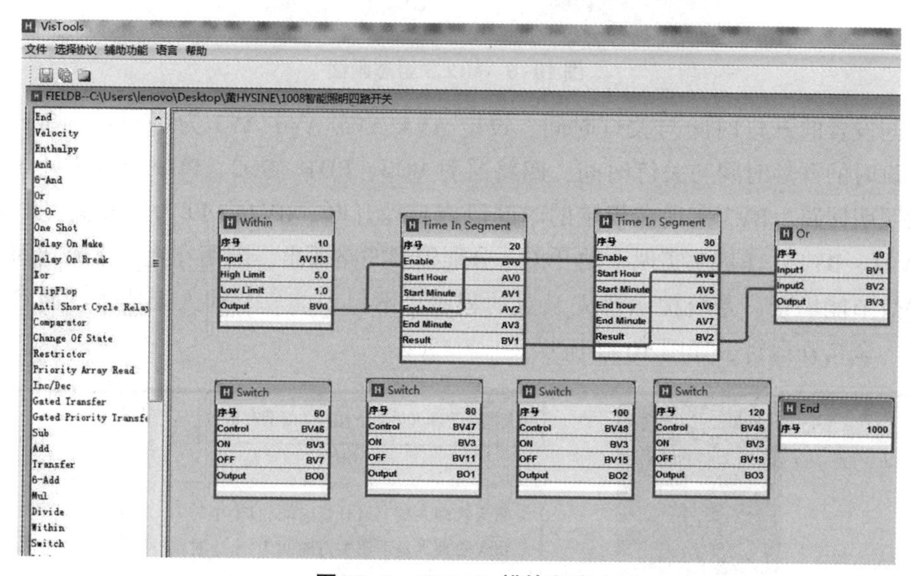


图 10-9　VisTools 模块程序

**2. 产品功能**

（1）可实现上位机 PC 控制任意回路的开和断，理解无人值守与节人、节钱、节能的具体应用。

（2）可实现触摸屏现场控制任意回路的开和断。

（3）系统设有自动/手动转换开关，以便必要时对各灯组的开、断进行手动操作。

（4）时间控制：根据上、下班或是使用需求控制任意回路在固定时间段内自动开断；根据不同日期、不同时间、不需要照明的时候，保证将灯自动关掉，实现定时软启动、关断的功能。

（5）可预先设置多个不同场景，并根据实际需要切换不同的模式。可接入各种传感器对灯光进行自动控制，如存在感应器：利用雷达/红外检测信号，实现“人来灯亮，人走灯灭（暗）”的功能，见图10-10。

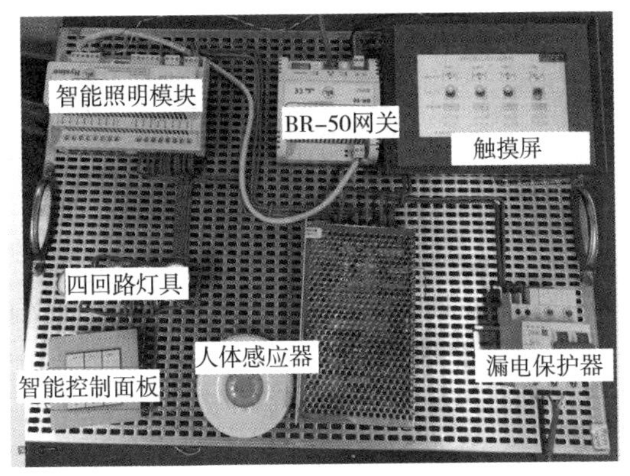


图10-10　智能照明系统实物控制

## 四、智能照明模块BCX系列3.4C版本的新增功能

3.4C版本照明模块从0~99个内变量增加到0~159个内存变量，共增加了60个内存变量。其功能如下：当为modbus通信时，RS485、9600bps、8个数据位、1个停止位无校验；默认地址=拨码地址+1。

AV100~AV149：自定义内存变量。

AV150~AV155：年、月、日、时、分、秒机载实时时钟。

AV56：当程序文件破坏且无法修复时，会出现的报警状态。

AV157：计数复位。

AV158：参数设置。

AV159与AV158相互配合可以完成以下功能见表10-3。

表10-3　AV158与AV159参数配置

| 内存变量 | | | |
|---|---|---|---|
| AV159 | AV158 | | |
| 236 | baud：0=free，1=76800 | 波特率：模拟线路信号的速率 | 0为自定义<br>1为76800bit/s |
| 237 | vendor，ID | 标识 | 和欣为330 |
| 238 | max avs | 最大avs | 159 |
| 239 | mas bvs | 最大bvs | 100 |
| 240 | max keys | 最多可连32个按键 | |

续表

<table>
<tr><td colspan="6">内存变量</td></tr>
<tr><td>AV159</td><td colspan="5">AV158</td></tr>
<tr><td>241</td><td>key timeoutl</td><td rowspan="2">按键实时反馈的时间</td><td rowspan="2" colspan="3">如若反馈超时则进行下一步运转</td></tr>
<tr><td>242</td><td>key timeoutl</td></tr>
<tr><td rowspan="2">243</td><td rowspan="2">keybus/modbus：0~9600，1~1768</td><td rowspan="2">总线的波特率</td><td colspan="3">0 为 9600bit/s</td></tr>
<tr><td colspan="3">1 为 176800bit/s</td></tr>
<tr><td rowspan="4">244</td><td rowspan="4">0/1：keybus，2/31 modbus-3/41</td><td rowspan="4">协议与功能</td><td rowspan="2">keybus</td><td>0</td><td>为监听</td></tr>
<tr><td>1</td><td>为主站</td></tr>
<tr><td rowspan="2">modbus</td><td>2</td><td>为 3 型协议</td></tr>
<tr><td>3</td><td>为 4 型协议</td></tr>
<tr><td rowspan="4">245</td><td rowspan="4">BO react</td><td rowspan="4">继电器做出反应</td><td>1</td><td>维电器到位</td><td>调整 BO 内部的寄存器值与实际值</td></tr>
<tr><td rowspan="2">2</td><td rowspan="2">反馈跟随</td><td>ON 跟随</td></tr>
<tr><td>OFF 不跟随</td></tr>
<tr><td>3</td><td>1+2 的功能</td><td></td></tr>
<tr><td rowspan="2">246</td><td rowspan="2">clock source</td><td rowspan="2">时钟源</td><td>127</td><td colspan="2">时间来自 BR 网关</td></tr>
<tr><td>128</td><td colspan="2">时间来自自己的时钟小板</td></tr>
<tr><td rowspan="2">247</td><td rowspan="2">modbus av & bv save to eeprom</td><td rowspan="2">是否保存到 eeprom</td><td>0</td><td colspan="2">不保存</td></tr>
<tr><td>1</td><td colspan="2">保存</td></tr>
</table>

## 第二节　家庭照明智能系统的设置

### 一、普通灯开关面板的设置

射频控制普通灯开关面板的设置方法包括计算机端的设置及对码学习的设置。

**（一）计算机端的设置**

计算机端的设置方法如下。

（1）登录计算机客户端，在主界面内单击“设备”→单击“输出”→单击“常规设备”→单击“添加”按钮，输入设备名称，选择设备类型为“普通灯”。

（2）设置普通灯的参数如下。

设备名称：客厅右灯 1（自定义名称）。

设备类型：普通灯。

楼层/房间：1 楼（根据普通灯面板位置或灯具实际位置进行选择）。

频率类型：315MHz。

编码类型：2262 编码。

电阻类型：3.3MQO

（3）普通灯创建完成后，返回主界面，单击“房间”，找到灯所处的房间，单击“灯光”按钮，就会在右边出现已创建的普通灯的控制界面。

**（二）对码学习的设置**

计算机端设置完成后，普通灯光开关面板也必须与控制主机一起设置，进行代码匹配研究，使控制主机能够正确“识别”每个开关面板；否则，控制主机将无法智能控制开关面板。普通灯开关面板的代码匹配研究设置方法如下。

（1）开关面板接上电源，在灯具熄灭状态下，按住需要对码的触摸按键——当灯具状态经过“亮→灭→亮”后，松手，再单击计算机客户端已创建的对应普通灯的“开灯”按钮，待灯具闪烁停止后，按一下该路按键，退出设置。此时，可以使用此图标执行灯的“开灯”操作。

（2）开关面板接上电源，在灯具熄灭状态下，按住需要对码的触摸按键——当灯具状态经过“亮→灭”后，松手，再单击计算机客户端已创建的对应普通灯的“关灯”按钮，待灯具闪烁停止后，按一下该路按键，退出设置。此时，可以使用此图标执行灯的“关灯”操作。

（3）若开关面板的“开灯”或“关灯”不能对码，则需要对面板进行“清码”操作。“清码”操作的步骤是：开关面板接上电源，在灯具熄灭状态下，按住需要清空的触摸按键——当灯具状态经过“亮→灭→亮→灭”后，松手，再单击计算机客户端已创建的任意普通灯的任意图标，待灯具闪烁停止后，按一下该路按键，退出设置。此时，普通灯面板该路录入的所有遥控信号被清除。

## 二、双向灯光面板的设置

双向灯光面板采用全新的 ZigBee 技术，能进行双向数据无线传输，它既可接收控制主机的指令，又可将灯具开、关状态的信息传输给控制主机。控制主机再将灯具的开、关状态信息传到手机客户端，让客户及时了解室内所有灯具的开、关状态信息。与普通智能面板相比，它无须对码学习，简单易用。

双向灯光面板的安装与前面介绍的普通灯开关面板相同，它们均是采用标准

86 型，外形尺寸为 86mm×86mm×30mm。

双向灯光面板的工作电压是交流 100~260V，频率为 50Hz/60Hz，工作温度为 0~40℃，控制方式有触摸或遥控两种，控制频率为 2.4GHz，控制灯具有白炽灯、节能灯、荧光灯、LED 灯，其中白炽灯的负载功率小于 1000W，节能灯、荧光灯、LED 灯的负载功率小于 300W。

双向灯光面板的安装步骤与上面介绍的智能普通开关面板的安装步骤相似，在接线前，一定要看清开关后的接线标注。

下面以 KC868-F 型智能家居主机为例，介绍双向灯光面板与控制主机的组网对码方法。

（1）登录 PC 客户端，将楼层、房间创建完成后，在主界面内单击“系统”图案，再单击“ZigBee 设置”，然后单击“主机设备”后面的“查询”按钮，读取主机 ZigBee 当前的网络 ID。

（2）双向灯光面板网络 ID 出厂默认为 8192。若主机网络 ID 和面板网络 ID 不同，则在“主机设备网络 ID”中填写面板的对应 ID，单击“写入”按钮，即可修改主机网络 ID，主机网络 ID 修改为 8192。

（3）修改主机网络 ID 后，再登录 PC 客户端，在主界面内单击“设备”图案→单击“输出”→单击“常规设备”→单击“添加”按钮，输入设备名称，选择设备类型为“双向灯”。

（4）在双向灯创建界面内，参数设置如下所述。

设备名称：客厅顶灯（自定义）。

设备类型：双向灯。

楼层：1 楼。

房间：客厅（根据双向灯实际位置进行选择）。

地址码：26273（根据面板背面标签进行填写）。

灯索引：1（第一路控制输出为 1，第二路控制输出为 2，第三路控制输出为 3）。

（5）创建完成后，返回主界面，单击“房间”图标，找到灯所处的房间，单击“灯光”按钮，若主机和面板组网成功，则在右边出现已创建的 ZigBee 灯光控制按钮。此时，可以直接单击滑块，控制灯光的开关。

（6）若相邻两户均安装了双向灯光面板，则需对其中任意一家的所有灯光面板进行更改网络 ID 操作。其详细步骤如下所述：

①灯光面板接上电源，手动控制正常。

②长按第一路触摸按钮 15s，当面板左上角指示灯连续闪烁两次后松手，此时面板网络 ID 已更改为 4096。

③单击 ZigBee 配置界面右上角的“进入配置”按钮，此时可以自定义设置终端设备和主机设备的网络 ID，分别在终端设备和主机设备后面的“网络 ID”框内输入想要设置的 ID 号，如 4000，保证两者 ID 号一致，单击“写入”按钮，提示成功后，等待 5s 组网，即可成功实现无线控制。

## 三、调光灯开关面板的设置

在安装好调光灯开关面板后，也必须进行计算机端的设置及对码学习的设置，具体方法如下所述。

（1）登录 PC 客户端，在主界面内单击“设备”图案→单击“输出”→单击“常规设备”→单击“添加”按钮，输入设备名称，选择设备类型为“调光灯”。

（2）在常规设备创建界面，设置调光灯的参数如下。

设备名称：客厅调光灯（自定义名称）。

设备类型：调光灯。

楼层：1 楼。

房间：客厅（根据调光灯面板的安装位置进行选择）。

频率类型：315MHz。

编码类型：2262 编码。

电阻类型：3. 3MQ。

地址码：11110011（H 代表 1，L 代表 0）。

（3）调光灯创建完成后，返回主界面，单击“房间”按钮，找到调光灯所处的房间，单击“灯光”按钮，则在右边出现已创建的调光灯控制界面。

（4）调光面板接上电源，手动“开灯”，调整灯光亮度为××%（如 60%），长按面板的中间按键，当面板左上角指示灯连续闪烁两次后，松手，在松手 5s 内，点击计算机客户端已创建的调光灯的某一刻度。若对码指示灯继续闪烁 1 次，则代表可以使用此刻度执行灯的“××%亮度开灯”操作。

（5）调光灯其他亮度对码，可重复第四条进行设置。

（6）调光面板接上电源，按住中间按钮不动，当面板左上角指示灯连续闪烁 3 次后，松手，在松手 5s 内，单击 PC 客户端已创建的调光灯的某一刻度（建议单击最左边的刻度）。若对码指示灯继续闪烁 1 次，则代表可以使用此刻度执行调光灯的“关灯”操作。

（7）若调光面板的“开灯”或“关灯”不能对码，则需要对面板进行“清码”操作。“清码”操作步骤是：将调光面板接上电源，按住中间按钮不动，当面板左上角指示灯连续闪烁 4 次后，松手，在松手 2s 内，重新按住中间按钮。若对码指示灯继续闪烁 4 次，则代表此触摸按钮已对码的信号失效。

或者在灯光面板接上电源后，按住▲或▼按钮不动，当调光灯面板左上角的指示灯连续闪两次后，松手，在松手 2s 内，重新按住▲或▼按钮。若对码指示灯继续连续闪烁 4 次，则代表此触摸按钮已对码的信号失效。

## 四、情景控制面板的设置

情景面板又称无线场景触摸面板。情景面板的安装与前面介绍的普通灯开关面板相同，均是采用标准 86 型，有些情景面板采用的是 ZigBee 技术，其无线通信频率为 2.4GHz，要与采用 ZigBee 技术控制主机配合使用。

KC868-F 型智能家居主机最多可创建 50 组情景模式，每个情景模式中最多可执行 30 个动作。也就是说，每个情景模式中最多可控制 30 个设备，这 30 个设备可以相同也可以不同，其设备包括红外、无线、电话、短信和安防等类型的控制输出设备，但每组“情景模式”只能添加一个对外拨打的电话号码。下面以 KC868-F 型智能家居主机为例，介绍情景模式的设置。

情景模式的设置步骤如下。

情景模式中想要控制的设备已创建图标，且完成学习对码后，在主界面内，单击“设备”按钮→单击“输入”按钮→单击“无线输入”按钮→单击“添加”按钮，在无线输入添加提示框中，参数设置如下。

设备名称：自定义。

楼层/房间：根据情景面板安装位置选择。

频率类型：315MHz。

编码类型：2262 编码。

设置完成后，单击“确定”按钮，滚动条滚动表示主机进入学习状态（注意：此时不能有其他无线信号发射），手动按住情景面板“场景一”按钮（以“场景一”为例），当滚动条自动消失后，代表客户端已成功学习情景面板“场景一”情景模式。

此时，再执行情景模式的相关设置，具体步骤如下所述。

在主界面内单击“智能”按钮，再单击“情景设置”按钮，在左边列表框内选中需要执行的动作，拖至右边动作执行框内。将左灯 1 的“打开”、客厅左灯 2 的“打开”、客厅右灯 1 的“打开”、客厅调光灯的“等级 3”依次拖至右边框内，单击“保存”按钮，即可完成情景模式设置。此时，再单击“联动设置”，在左边列表框内，选中“场景一”，并拖至右边“触发源”框内，单击

“保存”按钮，即将情景面板按钮的“场景一”绑定了相应的情景模式。

值得注意的是，情景面板联动普通的情景模式，必须在“设防状态”下才能正常工作。

## 五、LED 变色灯的设置

LED 变色灯是一种新型灯泡，它的外形与一般乳白色白炽灯泡相似。但点亮后通过无线电编码，会发出各种不同颜色的光。它适用于家庭客厅等场所作为调整灯光用。该变色灯泡的特点是节能（耗电约 6W）、寿命长、使用方便、价格便宜；工作电压为交流 220V；遥控方式是射频为 315MHz 的无线遥控；标准空旷遥控距离为 N30m。

LED 变色灯的数据创建及配置如下所述。

（1）创建。在计算机客户端主界面选择“设备”，然后在弹出的界面上选中“无线输出”，再单击页面下方的“添加”按钮，即可在下图的无线输出按钮界面中添加 LED 灯控制按钮，创建 LED 变色灯的数据如下所述。

名称：LED 黄色（用户可自定义按钮的名称）。

楼层：14 楼。

房间：展厅（用户可根据 LED 的实际安装位置进行设置）。

频率类型：315MHz。

编码类型：2262 编码。

电阻类型：3. 3M。

排序：33。

地址码：用户可自定义，但所有 LED 功能按钮的地址码必须相同。

（2）对码及遥控操作。在接上电源 5s 内，先按“LED 开”按钮，再按“LED 蓝色”按钮，然后按“LED 白色”按钮，最后按“LED 亮度”按钮。当 LED 出现红灯闪亮时，表示对码成功。如果学习不成功，请重新给 LED 变色灯接上电源，依次按“开”“蓝”“白”和“亮度减”4 个按钮。

# 参考文献


[1] 吴伟．5G 的世界：智能家居［M］．广州：广东科技出版社，2020.

[2] 成刚．一本书读懂智能家居核心技术［M］．北京：机械工业出版社，2020.

[3] 罗有光，覃琳，李斌．物联网智能家居综合实训教程［M］．天津：天津科学技术出版社，2019.

[4] 王公儒．智能建筑工程实用技术系列丛书：智能家居系统工程实用技术［M］．北京：中国铁道出版社，2019.

[5] 曾文波，伦砚波，黄日胜，等．智能家居项目化教程［M］．北京：中国水利水电出版社，2018.

[6] 雷娟．家居智能化支撑技术及应用研究［M］．北京：中国水利水电出版社，2019.

[7] 刘经纬，朱敏玲，杨蕾．“互联网+”人工智能技术实现［M］．北京：首都经济贸易大学出版社，2019.

[8] 张泽谦．人工智能［M］．北京：人民邮电出版社，2019.

[9] 王露，王海峰．人工智能读本［M］．北京：人民出版社，2019.

[10] 陈玉华．定制未来个性化生活智能家居产业专利探究［M］．北京：知识产权出版社，2018.

[11] 赵中堂．智能家居的技术与应用［M］．北京：中国纺织出版社有限公司，2018.

[12] 王立华，高世皓，张恒，等．智能家居控制系统的设计与开发——TI CC3200+物联网云平台+微信［M］．北京：电子工业出版社，2018.

[13] 周晓垣．人工智能：开启颠覆性智能时代［M］．北京：台海出版社，2018.

[14] 马飒飒．智能仪表设计开发与应用［M］．西安：西安电子科技大学出版社，2018.

[15] 陈万米，汪镭，徐萍，等．人工智能：源自·挑战·服务人类［M］．上海：上海科学普及出版社，2018.

[16] 马飒飒，王伟明，张磊，等．物联网基础技术及应用［M］．西安：西安电

子科技大学出版社，2018.
[17] 张宝慧，王广平. 物联网技术基础 [M]. 北京：北京理工大学出版社，2017.
[18] 杨欧，聂丽文. 基于物联网平台的智能服务机器人设计 [M]. 西安：西安交通大学出版社，2018.
[19] 谭营. 人工智能知识讲座 [M]. 北京：人民出版社，2018.
[20] 王米成. 智能家居重新定义生活 [M]. 上海：上海交通大学出版社，2017.
[21] 黄勤陆，李忠炳，赵聃敏. 智能楼宇与网络工程 [M]. 武汉：华中科技大学出版社，2017.
[22] 本书编写组. 人工智能简明知识读本 [M]. 北京：新华出版社，2017.
[23] 丁爱萍. 物联网技术导论 [M]. 开封：河南大学出版社，2017.
[24] 刘金山，曾晓文，李雨培. 中国智造业竞争力调研报告 [M]. 广州：暨南大学出版社，2017.
[25] 郭源生. 智慧医疗与健康养老 [M]. 北京：中国科学技术出版社，2017.
[26] 穆峰. "颠覆" 传统装修互联网家装的实践论 [M]. 2版. 武汉：华中科技大学出版社，2017.
[27] 程国卿，程诗鸣. 安防系统工程方案设计 [M]. 2版. 西安：西安电子科技大学出版社，2017.
[28] 李久林. 智慧建造关键技术与工程应用 [M]. 北京：中国建筑工业出版社，2017.
[29] 丁爱萍. 物联网导论 [M]. 西安：西安电子科技大学出版社，2017.
[30] 申时凯，余玉梅. 物联网的技术开发与应用研究 [M]. 长春：东北师范大学出版社，2017.
[31] 解仑，王志良. 机器智能：人工情感 [M]. 北京：机械工业出版社，2017.